DK 65.011:061.6:65.011 (43-2.39):624:69

FORSCHUNGSBERICHTE DES WIRTSCHAFTS- UND VERKEHRSMINISTERIUMS NORDRHEIN-WESTFALEN

Herausgegeben von Staatssekretär Prof. Dr. h. c. Dr. E. h. Leo Brandt

Nr. 592

Verein zur Förderung des Forschungsinstituts für Rationalisierung
an der Rhein.-Westf. Technischen Hochschule Aachen

Das Forschungsinstitut für Rationalisierung an der Rheinisch-Westfälischen Technischen Hochschule Aachen

Als Manuskript gedruckt

WESTDEUTSCHER VERLAG / KÖLN UND OPLADEN

1959

ISBN 978-3-663-03356-1 ISBN 978-3-663-04545-8 (eBook)
DOI 10.1007/978-3-663-04545-8

Gliederung

Teil A

Aufgaben und Arbeiten des Forschungsinstituts für Rationalisierung

I. Rationalisierung allgemein

1. Begriff und Aufgaben

Die Rationalisierung hat die Hebung des menschlichen Wohlstandes durch Verbilligung, Vermehrung und Verbesserung der Güter zum Ziele. Ihre Aufgabe ist es, mit logischen Ordnungselementen die Gestaltung des Lebens, insbesondere der sachlichen Voraussetzungen, zu verbessern. Sie soll mit ordnender Kraft den technischen Fortschritt fördern und die Wirtschaftlichkeit der Produktion erhöhen.

Die Rationalisierung selbst stellt dann die Maßnahmen und Handlungen dar, die auf diese Ziele gerichtet sind. Man versteht darunter im allgemeinen alle Reformaktionen, die routinemäßige und überlebte Verfahrensarten durch systematisch erarbeitete Bestgestaltungsmethoden zu ersetzen suchen.

Im "weiteren Sinne" können Rationalisierungsmaßnahmen Reformaktionen sein, die durch Organisationszusammenfassung von Einzelunternehmen und mittels gemeinsamer, systematisch erarbeiteter Maßnahmen die Wertverluste und Kraftvergeudungen einer ungesteuerten Konkurrenz zu mindern suchen. - Schließlich kann man noch von "Rationalisierung im weitesten Sinne" sprechen, wenn es sich um Einflußmaßnahmen auf die Anwendung erarbeiteter Methoden und Verfahren auf dem Niveau volks- und gesamtwirtschaftlichen Geschehens handelt.

Die etymologische Wurzel des Wortes Rationalisierung liegt im Lateinischen: ratio, rationalis. Die deutschen Entsprechungen müssen in "Verstand" und "Vernunft" gesucht werden.

In dem Ausmaß, in dem der Sinngehalt dieser Termini in der Gestaltung des Daseins stetig stärker werdende Bedeutung erlangt, spiegelt sich ein Vergeistigungsprozeß wider, im Verlauf dessen Herkömmliches mit dem Scharfsinn des Verstandes durchdrungen wird, der sich damit gestaltend in das Leben einfügt. In dieser Weise hat die griechische Philosophie maßgeblichen Einfluß auf das abendländische Denken ausgeübt.

Die Impulse zu verstandesmäßigen Lebenshandlungen sollen danach ihren Ursprung in einem Denkvorgang haben, einer geistigen Bewegung von einem Gegenstand zum anderen im Sinne der Logik, an dessen Ende als Ergebnis der logische Schluß steht. Insbesondere das am Objekt und seinen Phänomenen orientierte Denken wie das der technischen Rationalisierung muß auf Erkennen und Auswerten des ursächlichen Zusammenhangs abzielen, um daraus die Möglichkeiten für die lebensgerechte Nutzanwendung abschätzen zu können.

2. Entwicklung

Das Primat des Geistigen ist das Ergebnis eines entwicklungsgeschichtlichen Werdeganges aus der Beobachtung von Erscheinungen und Vorgängen.

Menschliche Handlungen sind Ausdruck der natürlichen Lebenskraft. Im Laufe der Zeit wurden sie in der Wechselwirkung zwischen Umwelt und biologischem Existenzvermögen geformt, bei der die naturgegebenen Selektionen den Bestand nur solcher Konstitutionen und Lebensformen erlaubte, die den Verhältnissen angepaßt waren.

Daraus ergaben sich Verhaltensweisen und Einstellungsnormen, die von Generation zu Generation als bewährtes Erfahrungsgut weitergegeben wurden. Seinen Inhalt bildeten die Regeln und Gesetze der auf dem Boden der Überlieferung sich abspielenden Lebensprozesse.

Im Laufe der ethnologisch sehr unterschiedlichen Entwicklung wuchs mehr und mehr der Einfluß des Verstandes auf die Lebensgestaltung, getragen von verschiedenen Kulturepochen, von denen die griechische für unser Denken die bedeutendsten Grundlagen schuf. Ihre konsequente Abstraktion verwehrte ihr jedoch nennenswerte technische Fortschritte.

Die spätere systematische Empirie des Mittelalters war in dieser Hinsicht erfolgreicher. Aus der Beobachtung des konkreten Objektes im Experiment erwarb sich bereits LEONARDO DA VINCI (1452 - 1519) die Erfahrungen für seine technischen Schöpfungen. Sowohl ihm als auch seinen Zeitgenossen fehlte jedoch jede wissenschaftlich fundierte Methode.

Der eigentliche Begründer der rationalen Methodik ist René DESCARTES (1596 - 1650), der in seinem Rationalismus von der Philosophie her wissenschaftliche Verfahren schuf, die in der späteren Technik eine parallele Entwicklung in der Rationalisierung fand.

In seinem Werk "Abhandlungen über die Methode des richtigen Vernunftgebrauchs und der wissenschaftlichen Wahrheitsforschung" (Leyden, 1637) legte er in den vier bekannten Regeln seine klassische Methode nieder:

1) "Niemals eine Sache als wahr anzunehmen, die man nicht als solche evident erkennen würde. (Rationale Evidenz)

2) Jede Schwierigkeit, die man untersucht, in so viele Teile zu teilen, als möglich und zur besseren Lösung wünschenswert wäre. (Regel der Analyse)

3) Die Gedanken richtig zu ordnen; mit den einfachsten und faßlichsten Objekten zu beginnen und allmählich, gleichsam stufenweise, bis zur Erkenntnis der kompliziertesten Objekte aufzusteigen und selbst solche Dinge in gewisser Weise zu ordnen, bei denen, ihrer Natur nach, nicht die einen den anderen vorausgehen (Regel der Synthese).

4) Überall so vollständige Aufzählungen und so umfassende Übersichten zu machen, daß man sicher ist, nichts auszulassen. (Regel der vollständigen Aufzählung)"

DESCARTES' Gedanken bewirkten einen großen Wandel in dem in der ontologischen Problematik verhafteten Denken jener Zeit; die Betrachtungsweise wurde mehr den Lebensverhältnissen zugekehrt, um mit einem möglichst geringen Aufwand an Mitteln, Kraft und Zeit bessere Lösungen zu erreichen.

So kam es mit der im 19. Jahrhundert einsetzenden Industrialisierung zu wirtschaftlichen Bestrebungen, die als der Beginn der Rationalisierung bezeichnet werden können. Ihr maßgeblicher geistiger Wegbereiter ware Auguste COMPTE (1798 - 1857). Er erkannte die Notwendigkeit, Wissenschaft und Technik einander richtig anzupassen. Diese Bestrebungen nannte er Rationalisierung.

Er hatte festgestellt, daß die Wissenschaft den wichtigsten und schwierigsten, unmittelbar die menschliche Gesellschaft betreffenden Forschungsgebieten noch fern geblieben war, was die Schaffung von Verbindungen zwischen Wissenschaft und Technik erschwerte. Die Wissenschaft könne die Praxis nicht ersetzen, sie müsse aber ständig an der Entwicklung auch der einfachsten und vollkommensten Techniken weiterarbeiten. Die Rationalisierung sei deshalb notwendig, um die Leistungen von Wissenschaft und Technik zu verbessern und um die Lücke zwischen Theorie und Praxis zu schließen, deren Ergebnis bei operativem Vorgehen durch die Anregungen einerseits und die adäquate Lenkung der Forschung andererseits von grundlegender Bedeutung für das betriebliche und wirtschaftliche Gesamtgeschehen sein könne.

"Denn die von der Menschheit ausgeübte Haupttätigkeit muß in jeder Hinsicht auf der ständigen Verbesserung ihrer eigenen individuellen wie kollektiven Natur bestehen, innerhalb der Grenzen, die - wie in jedem anderen Falle - die Gesamtheit der tatsächlichen Gesetze angibt." - "Denn die Technik wird dann nicht mehr ausschließlich geometrisch, mechanisch oder chemisch usw. sein, sondern auch und in erster Linie politisch und moralisch." (COMPTE: "Discour sur l'esprit positif").

In dem gleichen Ausmaß, in dem die industrielle Technik anwuchs, verbreiteten sich auch die Rationalisierungsgedanken; REDTENBACHER und REULEAUX leisteten hierzu vor rund 100 Jahren weitere wichtige Beiträge.

Der Kreis der mit der Rationalisierung in Berührung stehenden Wissenschaften vergrößerte sich ständig, einerseits durch die aus der Technik hervorgegangenen und im Zusammenhang mit der industriellen Entwicklung entstandenen Wissensgebiete (Soziologie, Arbeitswissenschaft, Betriebswissenschaft), andererseits auch durch die Einbeziehung angrenzender Wissenschaften, unter denen die Medizin - insbesondere die Physiologie - und die Psychologie von Anfang an eine exponierte Stellung einnahmen.

So entstand um die Jahrhundertwende die wissenschaftliche Betriebsführung. Sie erhielt ihre Grundlagen von Frederic. Winslow TAYLOR (1856 - 1915). In seinem Werk "Principles of Scientific Management" behandelt er die Grundzüge der methodischen Analyse der menschlichen Arbeit. Später vertrat POPPELREUTER (1929: Arbeitspsychologische Leitsätze für den Zeitnehmer) ebenfalls den Standpunkt, daß die menschliche Unzulänglichkeit den Einsatz von Rationalisierungsmaßnahmen zur Arbeitsgestaltung erfordere. Er sieht die Aufgaben in der Beachtung der folgenden vier Punkte:

1) Kampf der Vergeudung von Rohstoffen und Energien, einschließlich der menschlichen Energie.

2) Vereinfachung von Herstellungs- und Verkaufsmethoden.

3) Festlegung von Normen für die Konstruktions-, Herstellungs- und Kontrollverfahren, für die Auswahl von Rohstoffen, Geräten, Maschinen und Arbeitskräften.

4) Gesundheitsschutz für den Arbeiter mit Hilfe der Psychologie, Arbeitshygiene und Unfallverhütung.

3. Methodik

Das verfahrensmäßig geistige Gerüst der Rationalisierung stellt ihre Methodik dar, basierend auf der lebensnahen Grundeinstellung, alle Mittel zu erfassen und anzuwenden, die Technik und planmäßige Ordnung zur Hebung der Wirtschaftlichkeit bieten.

Der geistige Vorgang der Methodik beginnt mit einer systematischen Durchdringung erkennbarer Objekte. Durch logisches Denken sollen Schlüsse gewonnen werden, die als neue Situationen im Sinne von Verbesserungen geistig vorgestellt werden müssen. Durchführung und Überprüfung beziehen sich dann wieder auf reale Verhältnisse bzw. deren Veränderungen. Verstandesgemäßes Vergleichen und Abwägen führen schließlich zu einem Urteil, das wiederum den Ausgangspunkt für neue Ansätze bildet.

Verfahrensmäßig stehen am Beginn jeder Methode Aktionen der Erfassung von Merkmalen und Zähleinheiten. Sie werden nach bestimmten Gesichtspunkten geordnet und ausgewertet. Die sich daraus ergebenden Konsequenzen führen zu Maßnahmen, die rationelle Veränderungen bewirken können. Die Erfassung setzt dann wieder ein, um für Vergleiche und Urteile die Unterlagen zu liefern.

In der praktischen Anwendung besteht die Rationalisierungsmethodik in einer Verknüpfung der verstandesmäßigen Vorgänge mit den verfahrensmäßig ablaufenden Handlungen. - Es gibt nun viele Ansätze zu einer Generalisierung der einzelnen Methoden. Solchen Bemühungen sind aber durch die Unterschiede in der menschlichen Mentalität Grenzen gesetzt; denn das Methodische in seiner ursprünglichen Bedeutung als "Nachgehen" weist in der Praxis des Lebens immer mehrere Wege auf.

Lyndall URWICK, einer der führenden Fachleute Englands auf diesem Gebiete, empfiehlt in seinem nach ihm benannten "Inventar" ein Vorgehen nach folgenden Punkten:

Sammlung von Daten, exakte Beobachtung, Messung und Versuch, Analyse und Abgrenzung, Ableitung von Prinzipien, Erhärtung durch Proben, ständige Überprüfung, Ausweisung der exakten Wissenschaft und schließlich Originalforschung zwecks Erschließung neuen Wissens.

In allen Ländern, in denen es Rationalisierungsprobleme gibt, bemühen sich Fachleute aus Wissenschaft und Praxis um die Schaffung der methodischen Voraussetzungen. Zu diesem Zwecke sind verschiedene Gremien gebildet worden, von denen die TAYLOR-Society in Amerika und der Kreis um FAYOL in Frankreich besonders hervorgetreten sind.

Für die Aufgaben und Arbeiten des Forschungsinstitutes für Rationalisierung ist die wissenschaftliche Methodik eins der wichtigsten Fundamente. Sie entstand aus den Erfahrungen der Praxis, insbesondere der auf die industrielle Fertigung und Organisation ausgerichteten, und der Auswertung wissenschaftlicher Erkenntnisse.

Die daraus entwickelten Verfahren werden nach folgenden Grundsätzen durchgeführt:

1. Aufnahme des Ist-Zustandes
2. Kritische Analyse des Ist-Zustandes
3. Entwurf eines Soll-Zustandes
4. Einführung von Vorschlägen und deren laufende Überprüfung
5. Systematische Annäherung an eine Bestlösung.

Die bisherigen Ergebnisse haben den Beweis für die Richtigkeit solchen Vorgehens erbracht. - Von wesentlicher Bedeutung für die zweckgerichtete Anwendung rationeller Methodik und ihrer Verfahren ist aber der Sinngehalt, dem sie untergeordnet werden. Der oberste Leitgedanke muß deshalb an den Werten des Lebens orientiert sein, von denen ihm im Geiste unserer Kultur Inhalt und ethische Verpflichtung gegeben wird.

II. Die Entstehung des Instituts

Die Regierung des Landes Nordrhein-Westfalen nahm von jeher regen Anteil an den Rationalisierungsbestrebungen der Wirtschaft. Dieses Interesse führte neben der Förderung bestehender Institutionen zur Gründung der "Arbeitsgemeinschaft für Rationalisierung", die als Ergebnis einer Aussprache erfolgte, zu der die Landesregierung maßgebende Persönlichkeiten der Industrie, der Wissenschaft, der Banken, der Gewerkschaften und weiterer Organisationen eingeladen hatte.

In dieser konstituierenden Sitzung der "Arbeitsgemeinschaft für Rationalisierung des Landes Nordrhein-Westfalen", die am 23. Januar 1952 stattfand, wurden gleichzeitig mehrere Arbeitsausschüsse ins Leben gerufen, deren Aufgabe darin besteht, die verschiedenen Fragen und Probleme der Rationalisierung zunächst vorzubereiten und durchzuarbeiten, ehe sie der Arbeitsgemeinschaft vorgelegt werden.

Die Ausschüsse Forschung und Technik traten am 20. Februar 1952 zu ihrer ersten Sitzung zusammen. In dieser und den nachfolgenden Sitzungen wurden zunächst die Aufgaben herausgestellt und näher umrissen, mit denen sich der später zusammengefaßte Ausschuß "Forschung und Technik" in der nächsten Zeit befassen sollte. Schon in ihrer ersten Sitzung hatte die Arbeitsgemeinschaft die Gründung eines Rationalisierungs-Instituts angeregt, in dem die Probleme der Rationalisierung in stärkerem Maße als bisher von der wissenschaftlichen Seite her angefaßt und untersucht werden sollten. Es wurde empfóhlen, ein Institut für Forschung auf dem Gebiete der Rationalisierung und ein Institut für Arbeitszeitvergleiche zu gründen. Der Ausschuß "Forschung und Technik" sollte die Notwendigkeit der geplanten Institute, ihre Arbeitsmöglichkeiten und ihre zweckmäßige Ausrichtung näher untersuchen.

In den Beratungen hierzu wurde die Errichtung eines Forschungsinstituts für Rationalisierung einmütig begrüßt, da durch ein solches Institut letzten Endes der praktischen Rationalisierung wesentlich gedient werden könnte.

Dagegen wurde abgeraten, zusätzlich ein Institut für Arbeitszeitvergleiche zu errichten, weil diese Forschungsaufgaben in einer besonderen Abteilung des Forschungsinstituts mit bearbeitet werden könnten.

Als Träger des Forschungsinstituts für Rationalisierung wurde ein "Verein zur Förderung des Forschungsinstituts für Rationalisierung an der Rheinisch-Westfälischen Technischen Hochschule in Aachen" gegründet, dessen Zweck in seiner Satzung wie folgt festgelegt wurde:

"Der Verein ist ein Zusammenschluß von an der Rationalisierung in Wirtschaft und Verwaltung interessierten Stellen. Er hat den Zweck, unter zielbewußter Verwertung der verfügbaren Mittel die Forschung auf dem Gebiete der Rationalisierung zu fördern. Er hat insbesondere die Aufgabe, gemeinsam mit staatlichen Stellen ein Forschungsinstitut für Rationalisierung an der Technischen Hochschule Aachen zu errichten."

Der Verein wurde am 17. Juni 1953 in das Vereinsregister des Amtsgerichts in Aachen eingetragen und gründete am 1. August 1953 das genannte Institut.

Dem Verein gehören als Mitglieder neben dem Bundesverband der Deutschen Industrie maßgebende Fachverbände und wissenschaftliche Vereinigungen, ferner industrielle Unternehmen und Einzelpersonen an. Das Ministerium für Wirtschaft und Verkehr des Landes Nordrhein-Westfalen, die Technische Hochschule Aachen und die Stadt Aachen gehören zu seinen Gründern. Sein Kuratorium setzt sich zusammen aus Vertretern der Ministerien, der Hochschule, der Wirtschaft und der Wissenschaft.

Das Institut wurde zunächst behelfsmäßig innerhalb der Hochschule untergebracht, bis durch die großzügige Förderung des Ministeriums für Wirtschaft und Verkehr des Landes Nordrhein-Westfalen am 22. November 1956 der Neubau bezogen werden konnte.

Die ständig wachsende Zahl der Aufgaben, die nicht nur aus dem Lande Nordrhein-Westfalen an das Institut herangetragen wurden, bedingte eine stetige Vergrößerung des Mitarbeiterstabes, der sich von 7 im Jahre 1953 auf 31 im Jahre 1957 erhöhte.

Das Institut ist bisher die einzige Stelle im Bundesgebiet, die sich mit der Erarbeitung wissenschaftlicher Grundlagen und Methoden der Rationalisierung beschäftigt, Fragen, die für die gesamte deutsche Wirtschaft von wesentlicher Bedeutung sind.

III. Arbeiten des Instituts

1. Überbetrieblicher Verfahrensvergleich

Die deutsche Industrie strebt heute in steigendem Umfang eine Automatisierung der Fertigung an, die in den meisten Fällen mit einem erheblichen Kapitalaufwand verbunden ist.

Bei diesen Planungen vergißt man oft die Reserven, die auch in den bisher angewandten Verfahren noch vorhanden sind. Dies liegt zu einem Teil daran, daß die Betriebe nur ihre eigenen Verfahren kennen und nicht die Möglichkeit haben, die Erfahrungen anderer Betriebe zu nutzen. Hier sind noch viele Möglichkeiten zur Rationalisierung, d.h. Kosteneinsparungen ohne umfangreiche Investitionen gegeben.

Aus diesem Grunde stellte sich das Forschungsinstitut für Rationalisierung die Aufgabe, eine Methode zu entwickeln, mit der die Herstellverfahren einer Reihe von Betrieben unter vergleichbaren Bedingungen miteinander verglichen werden konnten.

Den bisher angewandten Kostenvergleichen haftet der Nachteil an, daß in der Hauptsache summarische Zahlen miteinander verglichen werden, aus denen ein Betrieb nicht entnehmen kann, wie der andere Betrieb zu einem günstigeren Ergebnis kommt.

Die zu entwickelnde Vergleichsmethode sollte also folgende Forderungen erfüllen:

1) Die zwischen den einzelnen Betrieben bestehenden Leistungs- und Kostenunterschiede sollten an Hand eines vergleichbaren Maßstabes, der dem technischen Zeit- und Mengengerüst entstammte, aufgezeigt werden.

2) Die verschiedenen Herstellverfahren, die die mehr oder weniger großen Leistungsschwankungen verursachen, mußten in allen Einzelheiten beschrieben werden, so daß es dem Fachmann möglich wurde, gegebenenfalls das wirtschaftlichste Verfahren eines anderen Betriebes einzuführen.

Der überbetriebliche Verfahrensvergleich vergleicht die Herstellverfahren der Betriebe an einigen, für die untersuchte Branche typischen Erzeugnissen. Dadurch ergibt sich die Möglichkeit, aus den so gewonnenen Erkenntnissen Rückschlüsse auf die für andere Erzeugnisse des Betriebes angewandten Verfahren zu ziehen. Dabei werden Betriebseigenheiten, die keine Verfahrensunterschiede sind, wie z.B. Standortgegebenheiten, von den echten, vergleichbaren Verfahrensunterschieden getrennt.

Zunächst werden die Arbeitszeiten mit ihren Unterteilungen sowie den Dingen, die ihr Zustandekommen beeinflussen, wie z.B. Schnittbedingungen, erfaßt.

Darauf aufbauend, erfolgt dann die Bewertung mit Hilfe einer standardisierten, kalkulatorischen Kostenrechnung, d.h. die unterschiedlichen Verfahren verschiedener Betriebe werden so behandelt, als ob sie in ein und demselben Betrieb zur Anwendung kämen.

Dann wird der gesamte Arbeitsablauf in vergleichbare sog. Arbeitsganggruppen unterteilt, die untereinander austauschbar sind. Aus den günstigsten Arbeitsgruppen wird dann ein sog. fiktiver Betrieb gebildet.

Die erste Untersuchung fand in der Gesenkherstellung der Werkzeug- und Schneidwarenindustrie statt. Da es sich hier um eine ausgesprochene lohnintensive Fertigung handelte, konnte man sich auf einen Vergleich der Fertigungszeiten beschränken. Dabei ergab sich, daß im Durchschnitt etwa 60 % der benötigten Fertigungszeiten einzusparen wären, wenn man die Verfahren des oben erläuterten fiktiven Betriebes einführte.

Ein weiterer Vergleich wurde in der Zahnradherstellung, also einer kapitalintensiven Fertigung durchgeführt. Dabei mußten hier auch die Kosten berücksichtigt werden. Hier könnten - wieder unter Zugrundelegung des fiktiven Betriebes - durchschnittlich etwa 40 % der benötigten Fertigungskosten und -zeiten eingespart werden.

Es sei hierzu bemerkt, daß sich die Untersuchung nur auf die Fertigungskosten erstreckt, also nichts über Verwaltungs- und Vertriebskosten ausgesagt wird.

Ein dritter Vergleich erstreckte sich auf die Stanzerei und Presserei in der Heiz- und Kochgeräteindustrie.

An diesen Vergleichen nahmen jeweils etwa 15 bis 20 Firmen der untersuchten Branche teil.

Auf Grund der hierbei erzielten Ergebnisse wird dem Institut in Kürze vom gleichen Fachverband der Auftrag für eine Untersuchung der Emaillierwerke erteilt werden.

Auch der Fachverband Gesenkschmieden ist an das Institut herangetreten, um, aufbauend auf einem Vergleich der Platzstundenkosten, der den Firmen Unterlagen für eine kostengerechte Kalkulation geben soll, einen Verfahrensvergleich durchführen zu lassen.

Ferner wird zur Zeit im Auftrage des Verbandes Deutscher Streichgarnspinner e.V. die Methode für einen neuartigen Kostenstellen- und Leistungsvergleich entwickelt.

Außerdem beabsichtigt der Verband Deutscher Streichgarnspinner, die Produktionsprogramme seiner Mitgliedsfirmen, d.h. das Verhältnis bestimmter Standardartikel zu den vielfältigen Sonderwünschen sowie eine Reihe weiterer betrieblicher Probleme untersuchen zu lassen.

Weiterhin steht das Institut mit dem Verband der Stahlgelenkkettenhersteller und dem Verband der Gabeln- und Zinkenhersteller in Verhandlungen über die Durchführung von Verfahrensvergleichen.

Neben diesen Arbeiten soll aber die Methode des Verfahrensvergleiches erweitert und verfeinert werden. Daher ist beabsichtigt, die Untersuchungen auch auf die Konsumgüter- und die Grundstoffindustrie auszudehnen.

2. Produktivitätsmessung und Produktivitätsvergleich

Die stetige Weiterentwicklung der Arbeiten des Forschungsinstituts für Rationalisierung führte dazu, daß sich das Institut auch mit den Fragen der Produktivitätsdefinition und der Produktivitätsmessung beschäftigt. Zunächst stehen dabei Untersuchungen zur Klärung der Produktivitätsbegriffe im Vordergrund.

Produktivitätsuntersuchungen haben in den letzten Jahren eine wachsende Bedeutung sowohl im nationalen als auch im internationalen Vergleich erlangt. Solche Vergleiche erzielen jedoch nicht die gewünschte Breitenwirkung, da allgemein anerkannte, einheitliche Definitionen der Produktivitätsbegriffe weitgehend fehlen. Das Institut hält es daher für notwendig, sich zunächst mit den grundsätzlichen Voraussetzungen für eine Messung und einen Vergleich der Produktivität zu befassen.

Zur Zeit führt das Institut im Auftrag des RKW eine Untersuchung der augenblicklich vorhandenen Definitionen der Produktivität im Hinblick auf ihre Brauchbarkeit für eine Produktivitätsmessung und einen Produktivitätsvergleich durch. Ferner sollen hierbei Möglichkeiten für Produktivitätsmessungen und darauf aufbauende Produktivitätsvergleiche entwickelt und geprüft werden.

Diese Aufgabe umfaßt im einzelnen folgende Punkte:

1) Die Definition der Produktivität

2) Die bisher bekannten Methoden der Produktivitätsmessung und eine kritische Untersuchung ihrer Möglichkeiten

3) Grundlagen, Methode und Voraussetzungen für eine Messung der Produktivität

4) Praktische Durchführung eines Produktivitätsvergleiches zwischen je zwei Betrieben einer anlagen-, einer material- und einer lohnintensiven Branche

5) Erarbeitung von Richtlinien für die praktische Durchführung von Produktivitätsmessungen sowie die Festlegung von Kennzahlen zur Vergrößerung des Aussagewertes.

Aufbauend auf diesen Erkenntnissen soll dann mit der Durchführung eines internationalen Produktivitätsvergleichs begonnen werden.

Die bisher im internationalen Produktivitätsvergleich verwendeten Meßzahlen, insbesondere die Arbeitsproduktivität, geben nicht genügend Aufschluß über die Einzelheiten der Herstellverfahren, die die unterschiedlichen Produktivitäten verursachen. Es muß also eine Methode entwickelt werden, mit der zuverlässige, vergleichbare Produktivitätszahlen ermittelt werden können. Zudem soll sie die Möglichkeit schaffen, durch internationalen Vergleich die unter den Gegebenheiten des eigenen Landes produktiveren, übertragbaren Herstellverfahren eines anderen Landes aufzufinden. Bisher ist noch kein Verfahren entwickelt worden, mit dem diese Ziele erreicht werden können.

Daher beabsichtigt das Forschungsinstitut für Rationalisierung die Vorbereitung und Ausarbeitung einer Methode für die Messung von technischen Teilproduktivitäten, d.h. auf das Erzeugnis bezogenen Produktivitäten, zum Zwecke eines internationalen Produktivitätsvergleichs. Die Methode soll dann in einigen Betrieben in verschiedenen Ländern angewandt und erprobt werden.

Ein solches aussagefähiges Verfahren soll zu einer optimalen Ausnutzung der durch Produktivitätsvergleiche zu ermittelnden, möglichen Rationalisierungsmaßnahmen führen.

3. Dokumentation

Die Abteilung wurde eingerichtet, weil Dokumentation als Informationsmittel durch die Sammlung, Ordnung und Bereitstellung von Hinweisen über Buch-, Zeitschriften- und Berichtsliteratur ein echtes Instrument der Rationalisierung darstellt. Es wird allgemein immer deutlicher, daß die Kenntnis der Fachliteratur eine nicht zu umgehende Notwendigkeit sowohl für den Wissenschaftler als auch für den Praktiker in Wirtschaft und Industrie ist.

Die Abteilung Dokumentation sollte einige zentrale Funktionen zur Koordinierung der gesamten Fachdokumentation in Deutschland übernehmen.

Im Vordergrund stand deshalb in den ersten Jahren die Aufgabe der möglichst vollständigen Erfassung der einzelnen deutschen Fachdokumentationsstellen, der von diesen bearbeiteten Fachgebiete, ihrer Arbeitssysteme und -techniken. Die Möglichkeit der Zusammenarbeit der auf verwandten Gebieten arbeitenden Stellen, die gegenseitige Beratung und der Erfahrungsaustausch im Hinblick auf Ordnungssysteme und Dokumentationstechnik sollten gefördert werden. In diesem Zusammenhang wurde Material über mehr als 350 Fachdokumentationsstellen erfaßt. Die Ergebnisse der Untersuchung erscheinen als 4. Auflage des Verzeichnisses von Schrifttum-Auskunftsstellen der Technik und verwandter Gebiete im Beuth-Vertrieb. Da anzunehmen war, daß trotz weitgestreuter Umfrage und einiger Aufrufe in der Fachpresse mit der ersten Erfassungsaktion noch nicht alle Fachdokumentationsstellen ermittelt waren, und da sich zeigte, daß gerade in den letzten Jahren sowohl in der Industrie als auch an Forschungsinstituten mehr und mehr Dokumentationsstellen neu gegründet wurden, wurden die Bemühungen zur Erfassung auch dieser Stellen fortgesetzt. Zur Ergänzung des Verzeichnisses von Schrifttum-Auskunftstellen wurde eine Kartei angelegt, die, nach sachlicher, geographischer und alphabetischer Ordnung gegliedert, zunächst Einzelauskünften auf Anfragen dient. Später können diese Unterlagen zur Ergänzung und möglicherweise zu einer Neuauflage des Verzeichnisses benutzt werden.

Daneben wird nach den gleichen Ordnungsprinzipien eine Kartei über sonstige Organisationen, Forschungs- und Informationsstellen des In- und Auslandes aufgebaut, die zur Ergänzung der Auskünfte dienen kann.

Die Abteilung Dokumentation sollte gleichzeitig als eigene Fachdokumentationsstelle des Institutes die Literatur zu einigen Themen der Rationalisierung beobachten. Als Ordnungsmittel für diese Sammlung wurde die Internationale Dezimalklassifikation als zur Zeit einzig bestehendes universales und international angewandtes Ordnungssystem gewählt. Zunächst wurde hierzu ein umfassendes Schlagwortregister geschaffen, um eine einheitliche Klassifizierung zu gewährleisten und um auch anderen Stellen, die ähnliche Themen bearbeiten, das Klassifizieren zu erleichtern. Dieses Verzeichnis enthält etwa 11.000 Schlagwörter, die als Schlüsselbegriffe zur Ordnung der Rationalisierungs-Literatur angesehen wurden. Sie wurden mit den dafür als zugehörig erkannten

DK-Zahlen versehen. Das Verzeichnis erschien als Nr. 353 der Forschungsberichte des Wirtschafts- und Verkehrsministerium des Landes Nordrhein-Westfalen.

Inzwischen wurde die Gruppe 65 Betriebswirtschaft, Organisation, Handels- und Verkehrstechnik der Dezimalklassifikation international neu bearbeitet. Die Abteilung Dokumentation des Forschungsinstitutes für Rationalisierung beteiligte sich auf der Grundlage ihrer durch das Schlagwortverzeichnis gesammelten Erfahrungen an dieser Arbeit.

Die OEEC veröffentlichte 1956 einen International Guide to Sources of Technical Information, zu dem durch die Abteilung Dokumentation das Auskunftsmaterial für das Deutschland-Heft beschafft wurde.

Als erste Arbeit zur Untersuchung von Dokumentationsmethoden und -techniken wurde ein Forschungsbericht von Dipl.-Ing. H. GRÖTTRUPP: "Studienanalyse halbautomatischer Dokumentationsselektoren nach in- und ausländischen Patenten" abgeschlossen. Weitere Arbeiten sind in Vorbereitung.

Die Abteilung beteiligte sich im Rahmen des Ausschusses zur Koordinierung von Dokumentationsverfahren der Deutschen Gesellschaft für Dokumentation an der Vorbereitung von Normblättern und Richtlinien für die Dokumentation. Die Zusammenfassung einiger Richtlinien für die Zusammenarbeit von Dokumentationsstellen wurde in der Zeitschrift "Dokumentation - Fachbibliothek - Werkbücherei" 5 (1957) 7/8, S. 133-135, veröffentlicht. Über die erprobte vielseitige Verwendung des Lichtpausverfahrens für die Zwecke der Dokumentation wurde ein Bericht in den "Nachrichten für Dokumentation", Frankfurt/Main, 8 (1957) 3, S. 151-153, veröffentlicht, und über die Einrichtung von Dokumentationsstellen in Industriebetrieben erschien ein Beitrag in dem Handbuch für soziale Betriebspraxis des Verlags Luchterhand in Neuwied.

Durch Vorträge und Beratungen wurde Außenstehenden der Nutzen und die Bedeutung der Dokumentationsarbeit nahegebracht und wurden Hinweise für eine rationelle Einrichtung von Dokumentationsstellen gegeben.

Für die Angehörigen der TH in Aachen wird laufend Dokumentationsmaterial anderer Fachdokumentationsstellen herangezogen und geordnet, um auch auf anderen technischen Gebieten die Literatursuche zu wissenschaftlichen Arbeiten unterstützen zu können.

Im Herbst 1956 wurde mit der Zusammenstellung einer besonderen Literaturauswertungs-Kartei zur Massenfertigung und Automatisierung begonnen. Die Kartei wird aus vielen, schon von anderen Fachdokumentationsstellen zu Einzelgebieten gesammelten Literaturhinweisen zusammengestellt. Die Hinweise werden für die besonderen Zwecke der Spezialkartei überarbeitet, einheitlich klassifiziert, und die Kartei wird durch eigene Referate ergänzt. Die Kartei zur Massenfertigung und Automatisierung, die mit Hilfe des Lichtpausverfahrens vervielfältigt wird, steht ebenfalls zu Auskünften zur Verfügung. Sie umfaßt sowohl die einzelnen Verfahren und Hilfsmittel als auch deren Anwendung in verschiedenen Industriezweigen. Sie beobachtet darüber hinaus die wirtschaftliche und soziale Auswirkung der Automatisierung.

4. Statistik

a) Produktivitätsstatistik

Grundaufgabe der Statistischen Abteilung des Instituts ist, einen Überblick über den Stand der Forschungsergebnisse auf dem Gesamtgebiete der Produktivität und ihrer Messung zu gewinnen; so ergeben sich die laufenden Arbeiten, d.h. aus der Fülle der in- und ausländischen Literatur das einschlägige Schrifttum zu sammeln, wissenschaftlich zu überprüfen und - nach Möglichkeit - in geordneter, übersichtlicher Form (Randlochkartei) zur Verfügung zu halten, um allen Anforderungen, vor allen Dingen auch auswärtiger Stellen, gerecht werden zu können, entsprechend der großen Bedeutung, die allgemein in Wirtschaftskreisen einer größenmäßigen Vorstellung von der Produktivität beigemessen wird.

b) Forschungsbericht

Über die laufenden Arbeiten hinaus wurden die in den letzten Jahren gesammelten Ergebnisse nach bestimmten Gesichtspunkten ausgewertet und zusammen mit den neuesten Erkenntnissen in einem Forschungsbericht "Die industrielle Produktivität in neuerer Sicht" zusammengefaßt. Dieser gibt einen Querschnitt von denjenigen Anschauungen über die industrielle Produktivität, die sich allgemein durchgesetzt und praktische Anwendung gefunden haben; er umfaßt hauptsächlich die Stellungnahme der maßgeblichen Träger des Rationalisierungsgedankens sowie die praktische Durchführung von Produktivitäts-Berechnungen und Produktivitäts-Messungen, analog der Tatsache, daß sich - auch ganz allgemein gesehen - der Schwerpunkt der Produktivitäts-Erörterungen von der Theorie auf die Praxis verlagert hat. Einen breiten Raum nahmen naturgemäß auch die Produktivitäts-Vergleiche des In- und Auslandes ein.

c) Sonder-Abhandlungen

Bericht über die Auswirkung der Neuberechnung des Produktions- und Produktivitäts-Index durch das Statistische Bundesamt auf die Produktivitäts-Statistik.

Bericht über die Auswirkungen der Arbeitszeit-Verkürzung auf das Produktions-Ergebnis je Arbeiterstunde in den verschiedenen Wirtschaftszweigen.

Bericht über Bestrebungen, den an der Fertigung direkt beteiligten Anteil des Kapitals, also die Fertigungsmaschinen und Apparate, in irgendeiner Form zu erfassen und als z.B. Mechanisierungsgrad oder Energieverbrauch zur Beurteilung der Arbeits-Produktivität heranzuziehen.

Bericht über statistische Betriebsüberprüfung bei der Vergabe von Produktivitäts-Krediten.

Geplant ist eine teilweise Auswertung des beim Statistischen Landesamt aufbewahrten Urmaterials der Industrie-Berichterstattung, die innerhalb einzelner Wirtschaftszweige eine vergleichende Darstellung der Produktivitäts-Entwicklung gleichgelagerter Betriebe von 1950 - 1956 gestatten würde.

d) Statistische Qualitäts-Kontrolle

Die laufenden Arbeiten umfassen die Erfassung und Auswertung der Literatur-Neuerscheinungen und die Vervollständigung der schon vor zwei Jahren im Institut angefertigten Abhandlung über die gesamten Probleme der Statistischen Qualitäts-Kontrolle, um diese Abhandlung auf dem laufenden und jederzeit verwendungsfähig zu halten. Diese Abhandlung ist schon wiederholt als Grundlage für Vorträge über die Statistische Qualitäts-Kontrolle benutzt worden.

Ein zur Zeit in Arbeit befindlicher Sonderauftrag verfolgt das Ziel, aus den hauptsächlich auf die Massenfertigung abgestimmten Qualitäts-Prüfverfahren solche Methoden zu ermitteln bzw. zu entwickeln, die auf die Sonderverhältnisse der Mittel- und Kleinbetriebe zugeschnitten sind, und diese den Betrieben in geeigneter, hauptsächlich aufwand- bzw. kostensparender Form zur Verfügung zu stellen.

5. Arbeiten zur Verbreitung des Rationalisierungsgedankens

Der Verbreitung des Rationalisierungsgedankens dient zunächst eine zwanglose Folge von Ausstellungen, in denen das Institut Beispiele praktischer Rationalisierung aus allen Zweigen der Wirtschaft zeigt. Es stützt sich dabei teils auf eigene Arbeiten, teils auf die Mitarbeit anderer Institute oder die Zusammenarbeit mit Fachvereinigungen und Organisationen der Industrie.

Zur Einweihung des Neubaus wurde in der Ausstellungshalle des Instituts die erste Lehrschau gezeigt. Neben einigen Rationalisierungsbeispielen aus mehreren, zum Teil am Bau und an der Einrichtung des Instituts beteiligten Firmen waren hier verschiedene, für die Rationalisierung typische Maßnahmen der Vereinheitlichung, Normung und Typisierung und entsprechende Erfolge beispielhaft dargestellt. Außerdem wurden eigene Forschungsergebnisse in graphischen Darstellungen gezeigt.

In Zusammenarbeit mit der Fachgruppe Haustechnik im Verein Deutscher Ingenieure, der Technischen Vereinigung für Schraubverbindungen und Gewinderohre und weiteren Fachvereinigungen und Organisationen der Industrie wurde eine weitere Lehrschau zu dem Thema "Neuzeitliche Haustechnik" zusammengestellt und im Institut gezeigt. Diese Lehrschau gibt einen Überblick über den heutigen Stand der Haustechnik, in dem sowohl auf Merkmale und Maßnahmen der Rationalisierung, auf ansprechende Formgebung als auch auf die Zweckmäßigkeit der verwendeten Werkstoffe gelegt wurden.

Die Art der Darstellung von Rationalisierungsmaßnahmen und -erfolgen in Form der Lehrschau soll zur ständigen Einrichtung werden, und es soll Prinzipielles und Wesentliches zur Rationalisierung graphisch und modellmäßig der Allgemeinheit zugänglich gemacht werden. Dabei wird die Zusammenstellung der gezeigten Beispiele jeweils unter einem bestimmten Thema erfolgen, z.B. anläßlich einer Fachtagung oder über Rationalisierungsmöglichkeiten bestimmter Branchen.

Neben diesen Tätigkeiten beteiligt sich das Institut auch an Ausstellungen außenstehender Veranstalter. So wurde auf Veranlassung der OEEC ein Vorschlag zu einer transportablen internationalen Produktivitätsausstellung erarbeitet und den Mitgliedsländern der OEEC zugeleitet.

Ein reger Gedankenaustausch über die Verwendung des auf der Rationalisierungsausstellung "Alle sollen besser leben" gezeigten und vom Institut übernommenen Plakatmaterials wurde durchgeführt. Der Verband für Schweißtechnik, der Verein Deutscher Ingenieure, der Verband Öffentlicher Verkehrsbetriebe und mehrere Institute verschiedener Fachrichtungen haben für Ausstellungen und Tagungen Material erhalten. Verschiedenen Institutionen, unter anderem dem Planungsamt der Stadt Düsseldorf und der Deutschen Bundesbahn, konnten Unterlagen für Veröffentlichungen überlassen werden. Innerhalb der RKW-Ausstellung "Rationelles Schaffen" in Berlin wurde für eine Fachschau "Handel und Vertrieb" eine große Anzahl von Tafeln zur Verfügung gestellt, die das Kernstück dieser Ausstellung bildeten. Da die Ausstellung einen starken Besuch hatte, wurde das Material zu einer Wanderausstellung zusammengestellt, die in den Städten der Bundesrepublik gezeigt wird.

Weiter wurden auf den Ausstellungen "Frau - Familie - Fortschritt" in Duisburg, "Internationale Bodensee-Messe" in Friedrichshafen und "Schweißen und Schneiden" in Essen besondere Rationalisierungsabteilungen durch das Institut zusammengestellt.

Die Mitwirkung an diesen und anderen Ausstellungen erfolgte auf Anregung und in Abstimmung mit den zuständigen Ministerien, Verbänden, dem Ausstellungs- und Messeausschuß der Deutschen Wirtschaft und dem Rationalisierungskuratorium der Deutschen Wirtschaft.

6. Lochkartenstelle

Die meisten Aufgaben im Forschungsinstitut für Rationalisierung beginnen verfahrensmäßig mit umfangreichen Erfassungen bestimmter Gegebenheiten, also mit statistischen Erhebungen. Die Erhebungsobjekte fallen dabei als Merkmale und Zahleneinheiten an. In der Aufbereitung des statistischen Materials sind Analysen, Klassifizierungen, Gruppierungen und Einordnungen notwendig. Nach bestimmten Gesichtspunkten erfolgt dann die Auswertung.

Diese methodische Praxis ist mit einem erheblichen Arbeitsaufwand verbunden. Der größte zeitliche Anteil entfällt dabei auf manuelle Tätigkeiten mit geringen geistigen Anforderungen, wie Sammeln, Sichten, Ordnen, einfaches Rechnen, Schreiben, Darstellen.

Deshalb war bereits bei der Gründung des Forschungsinstituts die Einrichtung einer Lochkartenstelle vorgesehen worden. Sie sollte mit leistungsfähigen Aggregaten möglichst vielseitig eingesetzt werden können.

Im Frühjahr 1956 begannen die Vorarbeiten. Nach reiflichem Abwägen aller Einsatzmöglichkeiten fiel die Entscheidung in der Wahl der Geräte auf Fabrikate der I.B.M. Nach entsprechenden Mietverträgen wurden sie ab August 1957 dem Institut zur Verfügung gestellt.

Es handelt sich dabei um folgende Geräte:

1 Tabelliermaschine	Type	421/A04
1 Rechenlocher	"	602A/001
1 Kartenmischer	"	077/001
1 Lochschriftenübersetzer	"	552/001
1 elektron. Sortiermasch.	"	082/001
1 Motorlocher	"	024/001
1 Magnetlochprüfer	"	151/001
1 Magnethandlocher	"	011

Die Aufgabe der Lochkartenstelle im Forschungsinstitut besteht vor allem in einer Entlastung der Wissenschaftler von Routinearbeiten. Dadurch kann allen Forschungsvorhaben eine größere Wirksamkeit gegeben und der Aufgabekomplex selbst erweitert werden. Die Auswertung kann schneller erfolgen, selbst wenn sie in größerem Umfang durchgeführt werden muß. Dies ist besonders in solchen Fällen wichtig, in denen der Wert der Ergebnisse von dem Zeitpunkt der Zurverfügungstellung abhängig ist. Dem Forschungsinstitut können ferner durch die Lochkartentechnik neue Aufgabengebiete zugänglich gemacht werden.

Von den speziellen Institutsaufgaben sind zunächst die Arbeiten für den überbetrieblichen Verfahrensvergleich zu nennen. Die in den Betrieben ermittelten Erhebungseinheiten können an dem Ort ihrer Aufnahme auf Zeichenlochkarten eingetragen werden. Die Lochung erfolgt dann später maschinell in der Lochkartenabteilung durch Zeichenlocher. Die Karten können auch mit Klartext versehen werden.

Auf diese Weise ist es möglich, sehr schnell mit der Auswertung eines umfangreichen Materials beginnen zu können. Die Auswertung geschieht wieder maschinell. Die vielen Berechnungen, die man früher auf Tischrechenmaschinen durchführen mußte, werden jetzt von einem Rechenlocher übernommen. Das Schreiben der Tabellen von Teil- und Gesamtergebnissen läßt sich ebenfalls maschinell abwickeln.

Der überbetriebliche Verfahrensvergleich kann dadurch sehr schnell Auswertungsergebnisse liefern. Dieser Umstand ist für die Abwicklung und Beurteilung der Untersuchungen und auch für die Information der betreffenden Firmen von großer Bedeutung.

Auf dem Gebiete der Dokumentation sind weitere Anwendungsmöglichkeiten gegeben. Die ständig wachsende Anzahl von Literaturtiteln verlangt nach rationelleren Dokumentations- und Selektionsverfahren. Es werden deshalb verschiedene Verfahren mit Lochkarten erprobt und gegeneinander ausgewogen. Gleichzeitig sollen dabei die optimalen Einsatzmöglichkeiten von Lochkarten für Dokumentationsarbeiten, wie Einordnen, Umschichten, Selektieren und Vervielfältigen in Erfahrung gebracht werden.

Für weitere Forschungsaufgaben, die im Institut neu übernommen wurden und in Vorbereitung sind, ist der Einsatz der Lochkartenanlage vorgesehen. Mit den bisher gemachten Erfahrungen wird hierbei stufenweise vorzugehen sein.

Verschiedene Aufgaben ergeben sich aus der Verbindung des Forschungsinstituts für Rationalisierung mit der Technischen Hochschule in Aachen. Einige Lehrstühle und Institute lassen größere Rechenarbeiten, die bisher mit zahlreichen Tischrechenmaschinen vorgenommen werden mußten, durch Einsatz der Lochkartentechnik in relativ kurzer Zeit durchführen.

Es ist auch an eine Dokumentation der wissenschaftlichen Arbeiten der Hochschulinstitute auf Lochkarten gedacht. Aus ihnen sollen Verzeichnisse zusammengestellt und für jedes Institut geführt werden, die alle wissenschaftlichen Erfahrungs-, Forschungs- und Versuchsergebnisse und sonstigen wissenschaftlichen Erkenntnisse enthalten.

Aus der Verwaltung der Technischen Hochschule werden immer mehr Aufgaben der Lochkartenstelle übertragen. Die bisherigen Arbeiten der Gebührenabrechnung erbrachten viele neue Möglichkeiten der Aufrechnung und Auswertung für Lehrstühle, Institute und die Hochschulstatistik. Es ist auch an den Lochkarteneinsatz für Zwecke der Sozialstatistik der Technischen Hochschule gedacht.

IV. Lehrstuhl und Institut für Arbeitswissenschaft der Rheinisch-Westfälischen Technischen Hochschule Aachen

Das Forschungsinstitut für Rationalisierung hat es als seine bedeutsamste Aufgabe bezeichnet, unter "zielbewußter Verwertung bereits vorliegender in- und ausländischer Erkenntnisse und Erfahrungen solche Probleme wissenschaftlich bearbeiten zu wollen, die unter ausdrücklicher Einbeziehung der menschlichen Belange der Erhöhung der Wirtschaftlichkeit dienen und somit das eigentliche Ziel aller Rationalisierungsbemühungen fördern".

Es ist von daher gut zu verstehen, daß die Arbeitsgemeinschaft für Rationalisierung des Landes Nordrhein-Westfalen den Inhaber des Lehrstuhles für Arbeitswissenschaft der Technischen Hochschule Aachen, Herrn Professor Dr.-Ing. J. MATHIEU, im Jahre 1953 zum Direktor des Institutes berufen und daß das Forschungsinstitut für Rationalisierung im Jahre 1956 nach der Errichtung und Einweihung des eigenen Institutgebäudes den Lehrstuhl und das ihm angeschlossene Institut für Arbeitswissenschaft in das neue Haus mit aufgenommen hat. Unter der gemeinsamen Leitung findet eine rege Zusammenarbeit und ein fruchtbarer Gedanken- und Erfahrungsaustausch der Angehörigen beider Institute statt.

Der Aufgabenstellung als Lehrstuhl und Institut einer Hochschule entsprechend, liegt der Schwerpunkt der Arbeiten in der Erforschung zeit- und praxisnaher arbeitswissenschaftlicher Fragen und Probleme und in der Lehrtätigkeit sowie der damit verbundenen Betreuung von Dissertationen, Diplom- und Studienarbeiten der Studierenden.

Der Lehrstuhl ist bemüht, für eine umfassende Lehrtätigkeit die auf neuesten Erkenntnissen fußenden Unterlagen aus dem Gebiete der Arbeitswissenschaft, insgesamt über die Fragen der Anpassung der Arbeit und ihrer Hilfsmittel an den Menschen, der Zusammenhänge von Ursache und

Wirkung des Arbeitsgeschehens, der Arbeitspsychologie, -pädagogik und -physiologie sowie des Arbeits- und Zeitstudiums insbesondere zu sammeln und aufzubereiten.

Von den Studenten der Technischen Hochschule werden in der Vorlesungsreihe "Grundzüge der Arbeitswissenschaft", die sich über zwei Semester erstreckt, u.a. folgende Themen behandelt:

Grundgesetze der menschlichen Arbeit; Fragen der Arbeitspsychologie unter besonderer Berücksichtigung der Eignungsfeststellung und der Arbeitspädagogik; Berufsausbildung und -erziehung; Fragen der Betriebspsychologie und -soziologie, der Arbeitsorganisation und der Arbeitsgliederung, betriebliche Führungsprinzipien und Fragen des Führungsnachwuchses sowie der Führungsaufgaben des Ingenieurs; Eigenarten der Fließarbeit und ihre Auswirkungen auf den arbeitenden Menschen; die industrielle Frauenarbeit; Arbeitsgestaltung unter besonderer Berücksichtigung arbeitsphysiologischer Erkenntnisse.

Neben dieser Hauptvorlesung wird eine gesonderte Vorlesungsreihe über das "Leistungsstudium" gehalten. In dieser Vorlesung werden nach einer kurzen Einführung über die geschichtliche Entwicklung des Arbeitsstudiums die Methoden des REFA- und Bedaux-Systems, der Kleinstzeitverfahren sowie der Arbeitsbewertung eingehend dargelegt. Ferner werden Fragen des Leistungsgrades, der Normalleistung und ihrer Problematik, der Mehrstellenarbeit, die Verfahren der Häufigkeitsstudien (Multimomentaufnahmen) sowie die Formen der Entlohnung u.a.m. besprochen und diskutiert.

Für einen besonderen Hörerkreis wird darüber hinaus in einer weiteren Sonder-Vorlesungsreihe das Thema "Beziehungen zwischen Mensch und Verkehr" behandelt.

In den vom Lehrstuhl betreuten Dissertationen, Diplom- und Studienarbeiten werden laufend solche Themen bearbeitet, die sich einerseits an den Vorlesungsstoff anlehnen und andererseits ihrer Aufgabenstellung nach um eine kritische Untersuchung und methodische Behandlung arbeitswissenschaftlicher Probleme bemüht sind.

Im Institut für Arbeitswissenschaft konnten in den letzten Jahren mehrere größere arbeitswissenschaftliche Untersuchungen z.T. durch die Unterstützung des Ministeriums für Wirtschaft und Verkehr des Landes

Nordrhein-Westfalen in Angriff genommen und abgeschlossen werden. So konnten Arbeiten über Fragen der Arbeitsbewertung und der Mehrstellenarbeit, über die Bedeutung des Produktivitätsbegriffes, insbesondere der technischen Arbeitsproduktivität, über die Möglichkeiten der Ermittlung von fertigungstechnischen Kennzahlen und Richtwerten sowie über die Beurteilung von Großzahlerscheinungen in der Arbeitswissenschaft mit Hilfe quantitativer Methoden erstellt werden.

In der Reihe der Forschungsberichte des Wirtschafts- und Verkehrsministeriums des Landes Nordrhein-Westfalen wurden folgende Forschungsarbeiten aus dem Institut für Arbeitswissenschaft veröffentlicht:

1. "Die Anlernung von Industriearbeitern"
   - I. Ergebnisse einer grundsätzlichen Untersuchung der gegenwärtigen Industriearbeiter-Kurzanlernung
   - II. Beiträge zur Methodenfrage der Kurzanlernung
2. Menschlich bedingte Fehlleistungen im Betrieb und Möglichkeiten ihrer Verringerung - Untersuchungen zur Entwicklung einer Methode.
3. Arbeitsleistung und Arbeitsgüte - Ergebnisse experimenteller arbeitspsychologischer Untersuchungen.

Weitere Untersuchungsberichte werden in Kürze folgen.

Teil B

Der Bau des Forschungsinstituts für Rationalisierung
an der TH Aachen

Architekten: Professor Rudolf STEINBACH,
Dipl.-Ing. Horst KOHL,
Dipl.-Ing. Gernot KRAMER,
sämtlich Aachen

Im folgenden wird ein Bericht über den Planungs- und Bauablauf einer mittleren Bauaufgabe vorgelegt mit der Absicht, die Faktoren, die zur Realisierung solcher Bauten führen, zusammenzustellen und einige vorsichtige Schlüsse daraus zu ziehen. Der Bericht erhebt weder Anspruch auf Vollständigkeit in Beziehung auf Entwicklungsmöglichkeiten, noch erhebt er Anspruch auf eine Objektivität, die jenseits der Arbeit der Planung und Ausführung sowie der Möglichkeit eines solchen Berichtes liegt. Es sei hier vorweggenommen: Der Bau ist mit den technischen und formalen Mitteln geplant und durchgeführt, wie sie z.Zt. üblich und den Verfassern bekannt und geläufig waren. Der große Fragenkomplex "Rationalisierung des Bauwesens" ist in einigen Teilen direkt angeschnitten, in anderen nur in der Überlegung gestreift worden. Sämtliche Überlegungen zu diesem Bau wurden in dem Bewußtsein angestellt, daß das heutige Bauen in seinen Grundlagen - Zweckbestimmung, technische Durchbildung und Gestaltung - im Fluß ist und daß es einen verbindlichen "Kanon" auf diesem Gebiet noch nicht gibt.

Wettbewerb:

Dem Neubau des Institutes für Rationalisierung ging ein engerer Wettbewerb im Herbst 1954 unter folgenden Architekten voraus: Professor Emanuel LINDNER, Osnabrück; Professor Willy KREUER, Berlin; Professor Rudolf STEINBACH, Aachen; Architekt Hans VOSS, Mettmann; Architekt Dipl.-Ing. Siegfried REITZ, Laurensberg/Aachen; Architekt Martin MITTAG, Detmold.

Die Preisgerichtssitzung über den Wettbewerb fand am 24. Januar 1955 statt. Die Jury setzte sich zusammen aus: Staatssekretär Professor Dr. h.c. Dr. E.h. BRANDT, Ministerium für Wirtschaft und Verkehr des Landes Nordrhein-Westfalen; Min.-Dirigent Dr. FÜTTERER, Ministerium für Wiederaufbau Land Nordrhein-Westfalen; Oberregierungs- und baurat SCHIRMER, Ministerium für Wiederaufbau; Regierungs-Direktor BAUMGARTEN, Kultusministerium Land Nordrhein-Westfalen; Regierungs-Baudirektor BATT, Regierung Aachen; Prof. Dr.-Ing. OPITZ, TH Aachen (Werkzeugmaschinen und Betriebslehre); Prof. Dr.-Ing. MATHIEU, TH Aachen (Arbeitswissenschaft); Prof. KÜHN, TH Aachen (Architektur - Städtebau); Stadtbaudirektor VANDERHEYDEN, Stadtverwaltung Aachen.

Die Preise wurden in folgender Reihenfolge vergeben:

1. Preis: Professor R. STEINBACH, Dipl.-Ing. H. KOHL und Dipl.-Ing. G. KRAMER, Lehrstuhl für Baukonstruktion, Architekturabteilung TH Aachen,

2. Preis: Professor W. KREUER, Berlin,

3. Preis: Dipl.-Ing. S. REITZ, Laurensberg.

Ankauf: Professor E. LINDNER, Osnabrück
Ankauf: Architekt H. VOSS, Mettmann.

Städtebauliche Situation

Das zur Verfügung stehende Baugelände - ein Trümmergrundstück - liegt in einem gemischten Wohn- und Werkstättengebiet mit durchschnittlich viergeschossiger Randbebauung. Die Form der Bebauung folgt den Grundsätzen des überkommenen Städtebaues mit seinen unangenehmen Begleiterscheinungen. Reste dieser Bebauung sind westlich und östlich des Geländes vorhanden und stellten schwierige Probleme für eine freizügige Planung.

In den Wettbewerbsunterlagen wurde angenommen, daß das Wohngebäude an der Kreuzherrenstraße zwischen Baugelände und Kirche und eine auf dem Gelände stehende städtische Trafostation zu einem späteren Zeitpunkt abzutragen wären. Ohne diese Maßnahme würde eine weitere Entwicklung des Institutes nach Norden nicht möglich sein.

Einem Bau des Institutes an dieser Stelle stand nichts im Wege, da lärmender Werkstättenbetrieb oder sonstige, Wohngebiete störende Faktoren nicht auftreten. Die nahe Lage zum Stadtkern und zu den Bauten der Hochschule kommt dem Grundstück zustatten.

Beurteilung des 1. Preises

"Der Verfasser hat die schwierigen Gegebenheiten des Grundstückes in verschiedener Hinsicht sorgsam durchdacht. Der unschöne hohe Miethausbaukörper wird schon durch den ersten Bauabschnitt des Neubaues so abgedeckt, daß er von keiner Seite mehr störend wirken kann. Ebenso deckt dieser Riegel die unruhige Bebauung am Hintergelände des "Pontdrischs" für den Blick des von Westen Anfahrenden zum Teil ab. Der in ostwestlicher Richtung orientierte Körper des ersten Abschnittes ist gegenüber der Kirche so weit zurückgerückt, daß dieser die ihr zukommende Bedeutung bleibt.

Leider ist der Anschluß an die geschlossene Bebauung im Osten nicht im gleichen Maße gefunden.

Die drei Bauabschnitte sind sowohl in bezug auf den Baukörper als auch auf die Grundrißgestaltung ohne Schwierigkeiten einzeln ausführbar.

Im Grundriß ist die Eingangssituation zweckentsprechend und großzügig gelöst. Ob es richtig ist, die Verwaltungsgeschosse durch ein Ausstellungsgeschoß vom Eingang zu trennen, bedarf einer genaueren Überlegung.

Die Verwaltungsgeschosse sind gut organisiert. Auf die Besonnung ist im Grundriß durchaus ausreichend Rücksicht genommen worden, da an die Nordseite im wesentlichen Nebenräume gelegt wurden. Im zweiten und dritten Obergeschoß ist die Treppe unzureichend belichtet.

Die Absicht, im Sommer und in den Herbst- und Wintermonaten gegen die Südsonne Schutz zu schaffen, bestimmt auch weitgehend die Gestaltung der Hauptansicht, die ebenso gut durchdacht ist wie die Gesamtanlage und die dem Wesen eines Rationalisierungsinstitutes entspricht.

In bezug auf den m^3 umbauten Raum liegt der Entwurf unter dem Durchschnitt der eingereichten Arbeiten und erscheint somit wirtschaftlich."

Überarbeitung

Der Lageplan stellt eine Überarbeitung des Wettbewerbsprojektes dar. Der Hauptbau (erster Bauabschnitt) wurde im Gegensatz zum Wettbewerbsprojekt, das einen viergeschossigen Bau vorsah, dreigeschossig ausgeführt.

Der zweigeschossige quadratische Zwischentrakt (zweiter Bauabschnitt) ist als eine dreihüftige Werkstätten- und Büroanlage mit beweglichen Trennwänden in den direkt-beleuchteten Räumen gedacht.

Diese Räume können auch als Ausstellungs- oder Bibliotheksräume genutzt werden. Der mittlere Teil - im ersten Obergeschoß mit Nord-Sheds - soll die Hollerith-Abteilung des Institutes aufnehmen. Darunter kleinere Vortrags- und Archivräume. Der nördliche Querbau parallel zum Hauptbau ist eine 10 m hohe Ausstellungshalle für größere Gegenstände der Maschinenindustrie und nimmt im westlichen Teil die städtische Trafostation auf. Im wesentlichen folgt diese überarbeitete Anordnung dem Wettbewerbsprojekt.

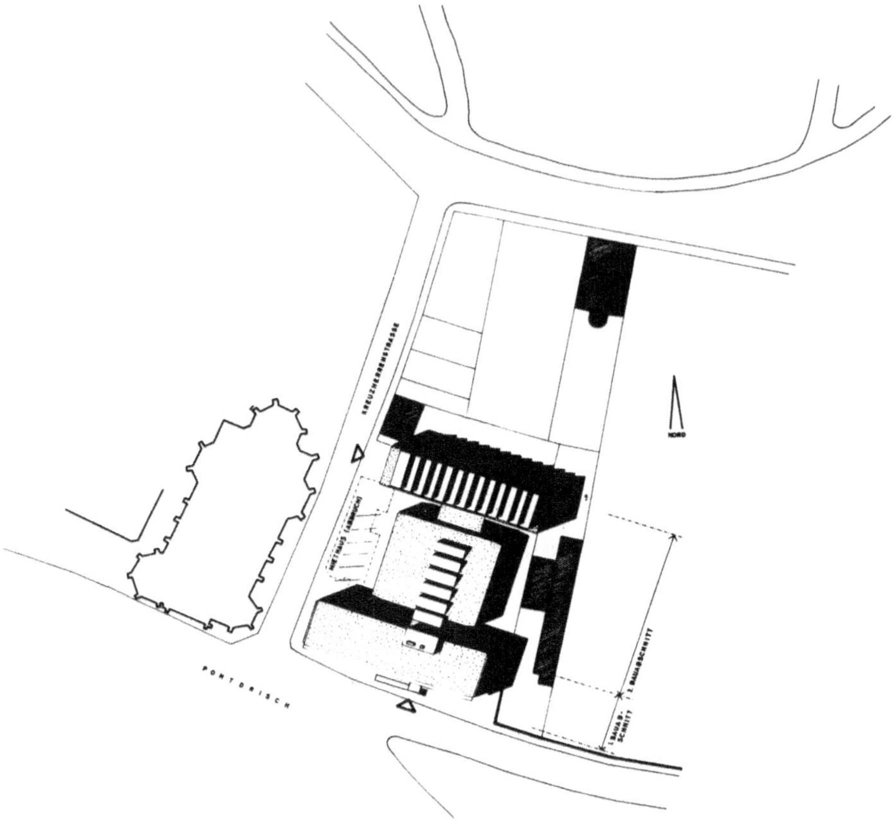

A b b i l d u n g 1

Lageplan des mit dem 1. Preis ausgezeichneten Wettbewerbsprojektes (Überarbeitung)

Aus der Lage des Gebäudes am Pontdrisch ist zu ersehen, daß die Planung aus städtebaulichen Gesichtspunkten darauf abzielte, das Institut in möglichst weitgehender Trennung von den Nachbargebäuden zu erstellen. Ein Anbinden an die Bebauung "Pontdrisch" war absichtlich nicht geplant, da es möglich erschien, durch ein geringfügiges Zurückweichen von der Bauflucht und eine Lösung von der Wohnhaus-Randbebauung den Hauptakzent der städtebaulichen Gesamtanlage, die Kirche stärker als bisher zur Geltung zu bringen. Die tatsächliche Ausführung scheint den Verfassern recht gegeben zu haben. Bei einer Neubebauung des östlichen Nachbargrundstückes erscheint es nicht schwierig, den Gebäudekopf auf der Ostseite architektonisch so auszubilden, daß er sich dem angeschlagenen Thema einfügt

Voraussetzung für die Ausführung des zweiten Bauabschnittes ist der Abbruch des westlichen Wohngebäudes.

Aus der Lage des Hauptgebäudes (erster Bauabschnitt) am "Pontdrisch" ist zu ersehen, daß die Planung darauf abzielte, das Institut möglichst weit von den Nachbargebäuden zu trennen. Ein Anbinden an die überkommene Randbebauung am "Pontdrisch" war absichtlich nicht geplant.

Durch Zurückweichen aus der alten Bauflucht und Lösung von den bestehenden Wohnbauten soll der Hauptakzent der städtebaulichen Gesamtanlage, die Kirche, stärker als bisher zur Geltung kommen.

Maßanordnung

Das Wettbewerbsprogramm verlangte, dem Gedanken der Rationalisierung sichtbaren Ausdruck zu geben. Die Planung wurde im Wettbewerbsprojekt und dem ersten Ausführungsprojekt unter Zugrundelegung des sogenannten "Normmaßes" 1,25 m durchgeführt. Je mehr jedoch das Projekt dem Ausführungsstadium näherrückte, desto ungeeigneter erwies sich dieses "Normmaß". Es muß in diesem Zusammenhang darauf hingewiesen werden, daß diese ungenügend vereinfachende Maßanordnung nur als eine Art Arbeitshypothese für das erste Jahrzehnt nach Kriegsende Geltung haben konnte. Es bedarf heute eingehender Untersuchungen über Maßordnungen überhaupt, ehe eine für kommende Bauaufgaben gemäße "Ordnung" gefunden ist. Am Rande sei erwähnt, daß Brasilien sich dazu entschlossen hat, die Ordnung Le CORBUSIERS, den "Modulor", seinem gesamten Normenwesen zugrundezulegen.

Planungsgruppe

Die Beauftragung mit der Ausführung des ersten Bauabschnittes des Institutsgebäudes erfolgte im Februar 1955.

Die Planungsgruppe setzte sich zusammen aus einem Ständigen Bauausschuß unter Vorsitz von Ministerialrat Dipl.-Ing. SPEICHER, Ministerium für Wirtschaft und Verkehr NRW; den Architekten Professor R. STEINBACH, Dipl.-Ing. H. KOHL, Dipl.-Ing. G. KRAMER, alle TH Aachen (Planung), Dipl.-Ing. H. BÄTGE, TH Aachen (Bauausführung); Statik und Prüfung besorgten Dipl.-Ing. G. LEWENTON, Duisburg, und Dipl.-Ing. S. LINK, Aachen.

Die Vermessung nahm Vermessungsingenieur ESSER, Aachen, vor; die Bodenuntersuchung Professor Dr.-Ing. SCHULTZE, TH Aachen.

Ermittlung der Grundkonstruktion

Mit dem Ingenieurbüro Dipl.-Ing. LEWENTON wurden innerhalb der Abmessungen des Wettbewerbsprojektes konstruktive Möglichkeiten zur Ausführung der Rohbau-Grundkonstruktion entwickelt und verschiedenen Firmen zur Angebotsabgabe eingereicht. Damit sollte die preislich und arbeitszeitlich günstigste Konstruktion ermittelt werden.

Der Innenausbau und die Ausbildung einer vorgehängten Fassade blieben von dieser Untersuchung unberücksichtigt.

Den Konstruktionen lag eine Lastannahme von 200 kg/m^2 Deckenfläche zugrunde, da es in diesem Planungszustand als ausreichend erschien, mit einer Lastannahme für normale Bürobauten zu rechnen.

Bei späterer, genauerer Untersuchung wurde die Frage aufgeworfen, ob es zu verantworten sei, diese Lastannahme beizubehalten, da die Entwicklung und Verwendung des Institutes nicht zu übersehen wäre.

Dem Bauausschuß wurden am 29. Juni 1955 von den Architekten die Ergebnisse der Angebotsuntersuchung vorgelegt, es wurde ferner der Mehrpreis bei Erhöhung der Belastungen auf 500 kg/m^2 (Bibliothek- und Bürobauten) genannt. Sie ergaben im Mittel folgendes Bild:

Kosten- und Zeitvergleich:

1. Stahlbeton (Ortbeton)

bei 200 kg/m^2	175000 DM	Lieferung und Bau
bei 500 kg/m^2	185000 DM	etwa 3,5 Monate

2. Verbundbau (Stahlstützen und Stahlbetondecken in Ortbeton)

bei 200 kg/m^2	200000 DM	Lieferung und Bau
bei 500 kg/m^2	215000 DM	etwa 5 Monate

3. Stahlleichtbau

bei 200 kg/m^2	210000 DM	Lieferung und Bau
bei 500 kg/m^2	240000 DM	etwa 4 Monate

(Dazu kommen nach überschlägiger Ermittlung bis zur kompletten Herstellung des Rohbaues zu jeder der genannten Konstruktionen noch etwa 200000 DM).

Es wurde dem unter 1. aufgeführten Stahlbetonbau in Ortbetonbauweise der Vorzug gegeben, da er sowohl zeitlich als auch finanziell nach diesem unter gleichen Bedingungen durchgeführten Vergleich an erster Stelle lag.

Nach eingehender Prüfung der Ergebnisse durch Architekten und Bauausschuß wurde in Anbetracht des zur Verfügung stehenden Geldes und der Befriedigung der dringendsten Bedürfnisse des Bauherrn beschlossen, das Gebäude entgegen den bisherigen Planungen um ein Geschoß zu reduzieren, mit einer Lastannahme von 500 kg/m^2 zu rechnen und den Bau in Ortbetonbauweise durchzuführen.

Nach diesen Vorverhandlungen wurde die endgültige Ausführungsplanung Anfang Juli 1955 für den ersten Bauabschnitt begonnen.

Folgende Fragen waren vor Baubeginn zu klären:

1. Planungsverträge
2. Klärung der Nachbarschaftsverhältnisse. Mit dem westlichen Anlieger mußten gegen Gewährung eines vorläufigen Lichtrechtes auf das Gelände des Vereins Sonderabmachungen getroffen werden
3. Bodenverhältnisse
   Die Bodenuntersuchung wurde von dem Institut für Verkehrswasserbau, Grundbau und Bodenmechanik an der TH Aachen, Professor Dr.-Ing. E. SCHULTZE, durchgeführt und ergab als Bodenart sandigen Schluff von ungleichmäßiger Widerstandsfähigkeit und einer Belastung von 1,75 kg/cm^2
4. Statische Verhältnisse
   Die Berechnungen ergaben bei Zugrundelegung der bisherigen Ergebnisse die Konzentrierung der statisch unbestimmten Teile (Außenwandscheiben und Installationsschacht) auf ein überschaubares Maß. Die Stützenstellung wurde in den Abständen 5 m in Längsrichtung und 10 m in Querrichtung als Pendelstütze, also statisch bestimmt, von dem Vorprojekt übernommen
5. Die Enttrümmerung des Geländes wurde von der Stadt Aachen durchgeführt
6. Die Heizungsversorgung wurde dem Hochschulnetz, die übrigen Versorgungsleitungen dem öffentlichen Netz angeschlossen
7. Für die im Wettbewerbsprojekt vorgesehene Fassadengestaltung mit Fertigteilen wurde nach eingehender Untersuchung eine deutsch-holländische Firma herangezogen. Von dieser Untersuchung wird im folgenden noch gesprochen
8. Bei näherer Untersuchung der Grundriß- und Aufrißverhältnisse stellte sich die einseitige Anwendung des Maßes 1,25 = 5,00 : 4 in drei Dimensionen als nicht anwendbar heraus. Es kam zu folgenden Änderungen; Fensterachse = Querunterzugsabstände auf 5,00 : 3 = 1,666 m = Erhöhung des Erdgeschosses auf 4,50 m zur besseren Belichtung des Ausstellungsgeschosses

Zum Abschluß dieser Vorbemerkungen seien hier die Bauergebnisse kurz vorweggenommen.

Daten nach Baufertigstellung:

Flächen:	Nutzflächen	1299,35 m^2
	Verkehrsflächen	198,30 m^2
	Nebenräume	109,09 m^2
	Gesamt	1606,74 m^2
Umbauter Raum		7433,31 m^3
Kubikmeterpreis		98,51 DM

Fassadenelemente

Büro- und Verwaltungsbauten stellen an die Fenstereinteilung eines Baues bestimmte Anforderungen:

1. Ein Breitenmaß, das dem durchschnittlichen Büroarbeitsplatz entspricht. Es errechnet sich aus der Tiefe eines Schreibtisches + Verkehrsfläche + Stuhltiefe, wenn davon ausgegangen wird, daß der Arbeitende das Fensterlicht ungestört von der Seite erhält. Es liegt zwischen 1,50 m und 1,80 m

2. Ein Breitenmaß, dessen Addition brauchbare Raumgrößen ergibt

3. Ein Maximum an Licht, d.h. Reduzierung des fenstertrennenden Elementes auf die Stärke einer Raumtrennwand, Verlegung der vertikalen Konstruktion in das Innere des Baues, um gleichmäßige Belichtung und gleichmäßige Elemente zu erhalten

4. Kombination des Fensters mit Sonnenschutz, Heizungsinstallation und Lüftung (bzw. Klimatisierung), Tel.- und Elt.-Installation so, daß die Anforderungen von jedem Element erfüllt werden können. Denn eine Raumunterteilung muß eine beliebige Summierung der Elemente ermöglichen

5. Wirtschaftlichkeit

Der Typ des Fassadenelementes kann als prinzipiell entwickelt gelten. Seine Konstruktion wird sich nach technischen und formalen Anforderungen im Verhältnis zur verfügbaren Bausumme richten müssen. Der Planungsgruppe waren bisher nur aus der Literatur verschiedene Möglichkeiten der Verwendung vorgefertigter Teile bekannt.

Allgemeine Überlegungen über die Verhältnisse zwischen "Grundkonstruktion" - Stütze, Decke, Scheibe - und "Vorfertigungsteilen" - Fassaden- und Innenausbauelemente - verlaufen nach dem Stande zur Zeit realisierbarer Baumethoden etwa in folgenden Bahnen:

Die hohen Anforderungen an die Präzision der Grundkonstruktion, die Leichtigkeit und die beschränkte Länge der Konstruktionsglieder - vereinfachte Transport- und Montagemethoden - lassen Metall in diesem Zusammenhang als geeigneten Baustoff erscheinen. (Aluminium scheidet in den meisten Fällen der Kosten wegen aus.) Stahlkonstruktionen ergeben große Präzision, sind aber feuer- und korrosionsanfällig. Der notwendige Feuerschutz bringt die schlanke Stahlkonstruktion in ihren Abmessungen in die Nähe der Stahlbetonkonstruktion.

Der Stahlbetonbau ist jedoch in der üblichen Ausführungsart - Ortbeton - im Verhältnis zu der möglichen Präzision von Fassaden- und Innenausbauelementen zu ungenau. Eine höhere Maß- und Massenqualität lassen den Zeit- und Kostenaufwand erheblich emporschnellen.

Die Möglichkeiten der Vorfertigung einer "Grundkonstruktion" in Verbindung mit Fassadenteilen und Innenausbauelementen in Stahlbeton sind außerordentlich groß. Es eröffnet sich hier ein gangbarer Weg für eine künftige Entwicklung auch in Deutschland. Andere Länder, England (Schulbau), Holland (Wohnungsbau), Sowjetunion (Industriebau), um nur einige zu nennen, haben diesen Weg bereits mit großem Erfolg beschritten. Die Voraussetzungen für die Baumethoden liegen in regional günstig angeordneten Betonteilwerken, um die Transportkosten nicht so stark ins Gewicht fallen zu lassen.

Innenausbauelemente, wie Zwischenwände, Schrank- und Türelemente, wurden für den Aachener Bau aus Zeitgründen nicht entwickelt. Da die auf dem Markt vorhandenen Konstruktionen die finanziellen Möglichkeiten überschritten, wurden Gipstrennwände zur Unterteilung der Räume verwandt.

Einige Beispiele, die die Fassadenelementplanung beeinflußten:
Lever House, New York. Architekten: SKIDMORE, OWINGS, MERRILL. Stahlskelettbau mit vorgehängter Fassade in einem durchgehenden Rastermaß. Diese Ausführungsform mit einer tragenden Konstruktion aus Stahl, Verbundbauweise oder Stahlbeton, und der davorgehängten Fassade ist nach dem gegenwärtigen Stande des Bauens zu einem Typ entwickelt worden,

der in seinen Abmessungen von Elementbreite und -höhe den Erfordernissen angepaßt wird.

Der Bau ist vollständig geschlossen und mit einer Klimaanlage in der Fensterbrüstung versehen; Sonnenschutz durch Jalousette innen; sehr einfache Profildetails aus Normal- und Blechprofilen. Die Vorfabrikation der Außenhaut bezieht sich hier nur auf zugeschnittene Profilbauteile, die an der Baustelle verschraubt werden. Die Fassade ist statisch nicht ausgenutzt.

Verwaltungsbau der Olivetti-Büromaschinenfabrik, Mailand/Italien.
Architekten: G.A. BERNASCONI, A. FIOCELLI, M. NIZZOLI.
Mit beweglichen Sonnenlamellen vor Einstrahlung geschützte Fassade. Das Gebäude steht im Geschäftszentrum von Mailand, die Grundstücksverhältnisse waren schwierig, und es mußte eine Fassade nach Süden gerichtet werden. Die Lamellen sind aus Aluminium, ihre Einstellung kann in Gruppen gesteuert werden. Tel.- und Elt.-Installation an den Fensterpfeilern; keine Klimaanlage in den Fensterbrüstungen.

Alcoa-Haus in Pittsburg, Pennsylvanien USA, Architekten: W. HARRISON und M. ABRAMOWITZ.
Am Fließband vorgefertigte Teile aus Aluminium als Fassadenverkleidung. Nicht an den Fenstern klimatisiert und keine Elt.-Installationen. Die Fenster haben Riegelverschlüsse und Gummidichtung und werden normalerweise nicht geöffnet. Die Aluminiumaußenhaut ist mit Leichtbeton als Wärmeisolierung hinterfüllt. Sonnenschutz durch Lamellenstores.

Das Konstruktionsprinzip der Aluminiumteile und der Einfügung der Fenster ist dem der Massenfertigung von Automobilkarosserien vergleichbar. Die Teile sind statisch nicht ausgenutzt, sondern werden an das tragende Bauwerksgerüst angeschraubt.

Federation Nationale du Bâtiment, Paris. Architekten: R. GRAVEREAUX, R. LOPEZ; Konstrukteur: Jean PROUVE.
Fassadenelemente aus Aluminium für ein Bürohaus. Die Elemente sind außerordentlich präzise durchgearbeitet. Sie haben den Charakter von Maschinenteilen. Zum Einbau eines Elementes von 92 kg wurden nur sechs Minuten benötigt.

Die tragende Konstruktion des Baues besteht aus Beton mit Innenstützen. Die Fassadenelemente haben keine statische Funktion. Keine Installation in den Elementen.

Planung

Im folgenden wird der Bau in seinem wesentlichen Gefüge an Hand von Ausführungsplänen erläutert. Er besteht aus:

1. Kellergeschoß mit san. Installationen
   Heizzentrale
   Lagerräumen
2. Erdgeschoß mit Ausstellungsflächen
   vorläufige Unterbringung der
   Lochkartenabteilung,
   automatischer Telefonzentrale
3. 1. Obergeschoß mit Büroräumen, Sitzungsräumen
   und Installationszelle
4. 2. Obergeschoß mit Büroräumen und Installationszelle
5. Dachaufbau (über Installationszelle)
   mit Lüftungsaggregat und Ausdehnungsgefäß d. Heizung

Für die Bürogeschosse wurde das Prinzip der sogenannten 2-hüftigen Anlage mit Mittelgang, eine übliche Form des Büro- und Geschäftshausgrundrisses trotz der Himmelsrichtung (50 % der Räume nach Norden, 50 % nach Süden) gewählt, da sie die wirtschaftlichste Ausnutzung der verfügbaren Flächen zuläßt.

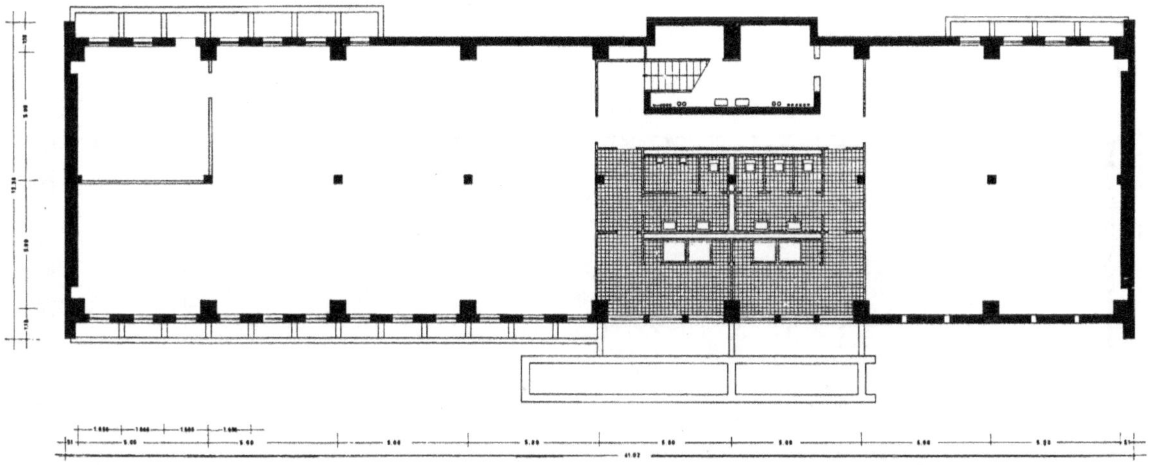

A b b i l d u n g 2

Kellergeschoß im Maßstab 1 : 300. Auf den Pfeilervorlagen der Außenwände steht das Stützensystem von 5,00 x 10,00 m. Die Mittelpfeiler sind nur im Keller angeordnet. In der Mitte Installationen, Toiletten für Besucher und Duschanlage für Belegschaft. In der Nordwestecke Heizzentrale und Ende des Heizkanales von der Heizzentrale der TH. Die Zentrale ist so bemessen, daß der II. Bauabschnitt angeschlossen werden kann. Ausführung des Kellers in Stahlbeton

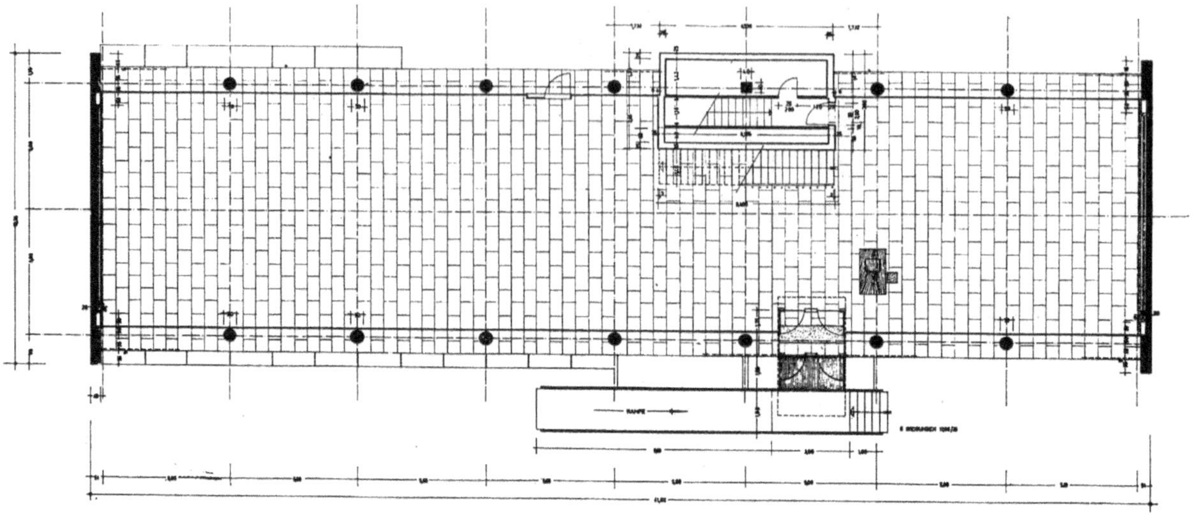

Abbildung 3

Erdgeschoß im Maßstab 1 : 300. Freie Halle, verglast von Decke bis Fußboden als Ausstellungshalle. Die Verglasung verläuft innerhalb der Stützen im Abstand von 20 cm.
Konstruktion: Außenwandscheiben in Stahlbeton auf der Ost- und Westseite als Windversteifung in Querrichtung. Die Windversteifung für die Längsrichtung wird durch den Installationsschacht hergestellt. Eingangsrampe und -treppe sind aus Setzungsgründen getrennt fundamentiert und durch einen TZ-Rost (als Brücke) mit dem Hauptbau verbunden.

Die ersten 2 Achsen von rechts nehmen z.Zt. die Lochkartenabteilung des Institutes auf. Sie ist durch eingestellte Wand- und Regalteile von dem übrigen Raum getrennt und unterteilt und kann jederzeit ohne den geringsten Eingriff in den Baubestand umgesetzt werden.

Die Decke über dem Geschoß ist als Deckenstrahlungsheizung (System IBIS am Bau verlegte Rohre mit daruntergehängten Gipsplatten-Strahlflächen) ausgeführt

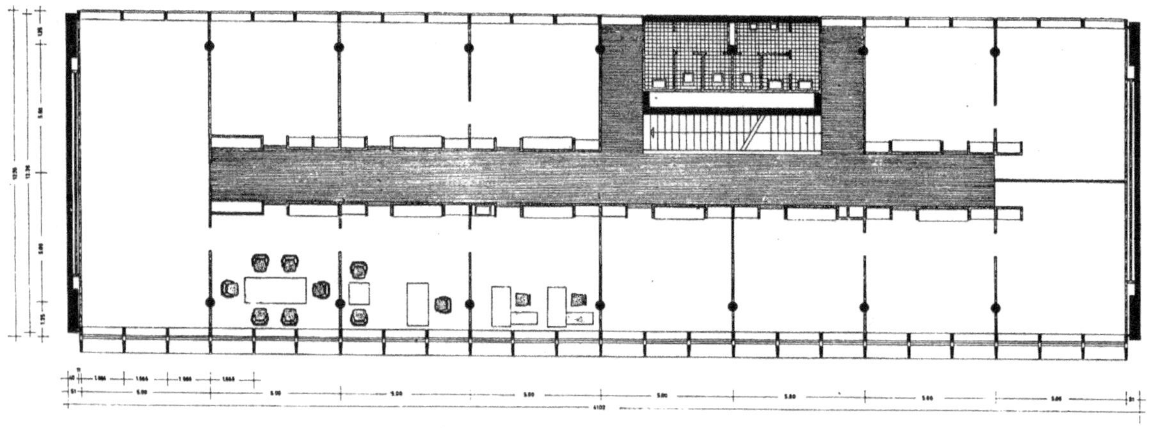

Abbildung 4

1. Obergeschoß im Maßstab 1 : 300. (Das 2. Obergeschoß ist mit geringer Abweichung wie das 1. geordnet). Ursprünglich sollten Raumtrennungen für u.U. notwendig werdenden wechselnden Bedarf an jeder der Fensterachsen, also alle 1,666 m, vorgenommen werden können. (Forts. S. 45)

Da die Preise für die von der Industrie entwickelten Montagetrennwände vorläufig noch zu hoch liegen, wurden für die voraussichtliche Raumeinteilung in den nächsten 10 Jahren (etwaige Amortisationszeit der Einbauten) feste Gipswände eingezogen, die mit einem Minimum an Arbeits- und Materialaufwand neu versetzt werden können. Zur Gangseite hin befinden sich 2 m hohe Schrankelemente, ebenfalls aus Gipsplatten errichtet, zur Aufnahme von Akten bzw. Garderobe. Darüber ist eine Klarglasverglasung für die Belichtung des Ganges. Es hat sich erwiesen, daß diese Belichtung für den Mittelgang völlig ausreicht. Die Heizung erfolgt durch Konvektoren, die in die Fensterbrüstungsnischen eingebaut sind

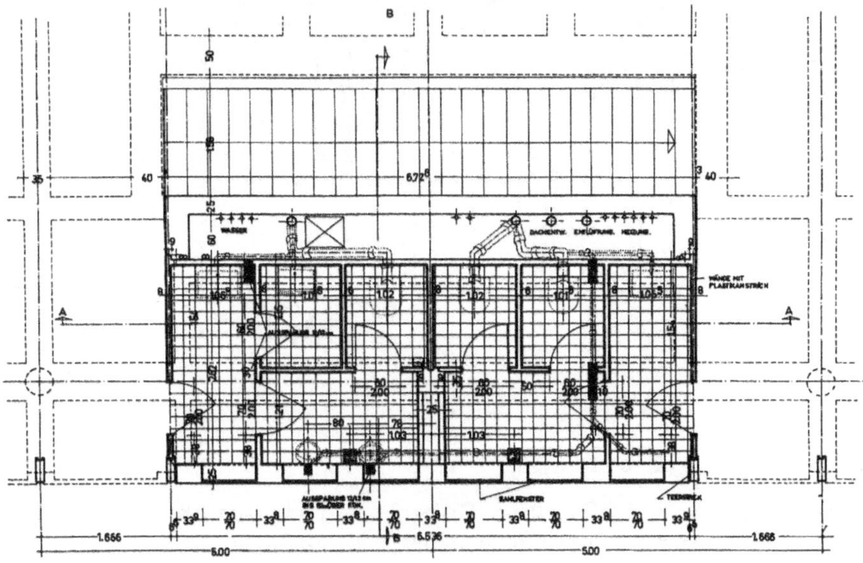

A b b i l d u n g 5

Installationszelle im 1. und 2. Obergeschoß. Ausführungszeichnung im Maßstab 1 : 100. Das konstruktive System der Unterzüge ist eingestrichelt. Die Ummantelung des Installationsschachtes ist Längswindversteifung und Treppenträger (Stahlbeton).
Der Schacht enthält sämtliche senkrechten Versorgungsleitungen einschließlich der Lüftungskanäle für die San. Installationsräume und ist von jedem Geschoß aus durch eine Klappe in den Toilettenzellen zugänglich

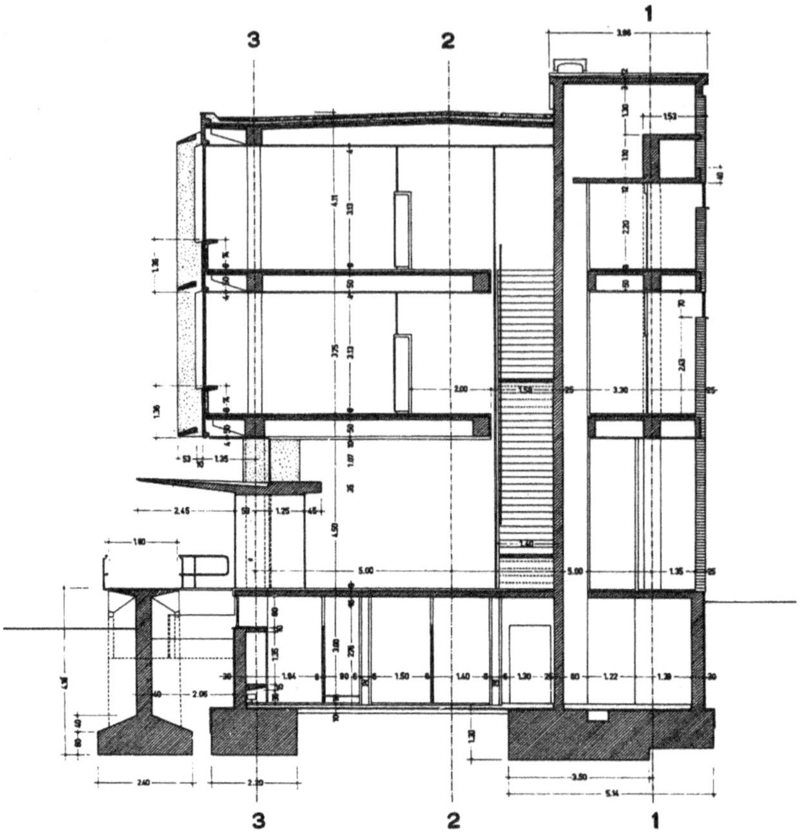

A b b i l d u n g 6

Querschnitt im Maßstab 1 : 200. Der Schnitt ist durch die Installationszelle, Installationsschacht, Treppenhaus, Windfang und Rampe geführt. Das System der tragenden Stützen in Längsrichtung ist in den Achsen 3 und 1 angeordnet. Das Unterzugssystem in Querrichtung ist durch Treppe und Installationsschacht unterbrochen und mit Wechseln ausgesteift. Die auskragende Eingangsplatte ist an der Decke über dem Erdgeschoß aufgehängt. Die Innentreppe kragt um 1,40 m aus der Betonscheibe des Installationsschachtes

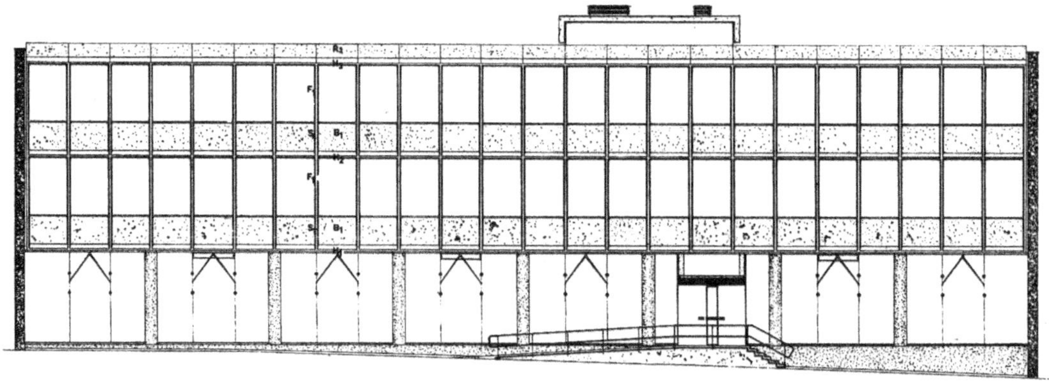

A b b i l d u n g 7

Südfassade im Maßstab 1 : 300. (In die Fassade sind die typischen Betonfertigteilelemente mit Großbuchstaben und Ziffern eingetragen.)

(Forts. S. 47)

Diese Zeichnung gibt einen Überblick über die Struktur des Baues: Außenwandscheiben (Stahlbeton, geschüttet, und mit Baustahlgewebe armiert, gesandstrahlt) freistehende Stützen im Erdgeschoß, dahinter Vollverglasung, vor die Obergeschosse gehängte Betonfertigteilfassade, Dachaufbau

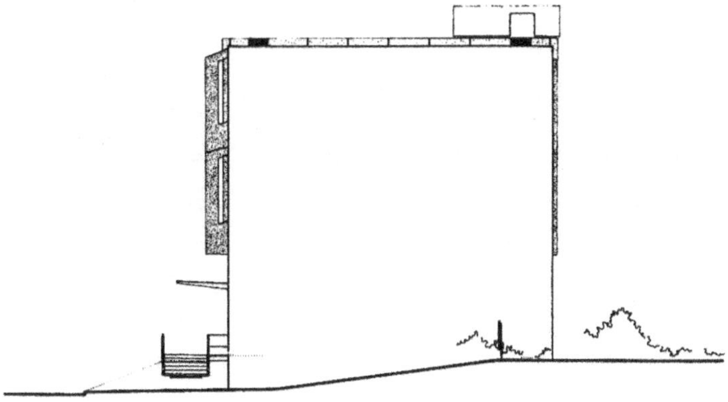

A b b i l d u n g 8

Ostseite im Maßstab 1 : 300. Die Hauptfläche besteht aus gesandstrahltem Ortbeton mit ausgewählter Kornzusammensetzung. Auf der Eingangsseite (Süden) sind die vorgehängten Sonnenlamellen zu erkennen.

Betonfertigteil-Fassade

Aus den oben angeführten ausländischen Beispielen Seite 41 und 42 wird ersichtlich, welche Vorteile Fassadenelemente bei der Errichtung von Bürogebäuden besitzen. Da das Fenster ohnehin in der Werkstatt vorgefertigt werden muß, war der Schritt, Fenster und Brüstung mit Überlappung der Deckenstärke in einem Element zusammenzufassen, naheliegend.

Die aus den Beispielen hervorgehenden Schwierigkeiten bestehen in dem hohen Preis der Elemente und einer sinnvollen Kombination der anfangs erwähnten Forderungen an das Fensterelement.

Jeder Konstrukteur wird naturgemäß an diese Aufgabe zuerst mit den Vorstellungen des Metallbaues herangehen. Die Verfasser unternahmen den ersten praktischen Versuch zur Ausführung der geplanten Fassadenteilung mit Stahlprofilen.

In diesem Element sind vereinigt:

1. Fenster als Wendeflügel
   Der Fensterkasten hat eine einfache Außenscheibe, dazwischen liegt ein Sonnenstore, der Kasten ist gelüftet. Die innere Scheibe ist aus wärmetechnischen Gründen als Verbundglasscheibe gedacht.

2. Brüstung

Im oberen Kasten Elt.- und Tel.-Installation mit Anschlußdosen, darunter Konvektorenheizkörper in Stahlblechverkleidung. Hochwertige Dämmschicht, Kunststoffplatte, davor mit Lüftungsabstand eine Drahtglasscheibe als Brüstungsaußenhaut.

Die Konstruktion wurde nach den erwähnten Prinzipien entwickelt. Die Zeichnungen sind auf den Stand der praktischen Durchführbarkeit gebracht und bildeten die Grundlage für eine Ausschreibung. Die Fassade in dieser Ausführung erfordert starke Pflege wegen der Korrosionsanfälligkeit. Aluminium fiel von vornherein wegen des zu hohen Preises aus.

Parallel zu dieser Entwicklung lief auf Anregung des Geschäftsführers des Institutes die Untersuchung von Fertigbetonteilen nach ähnlichen Grundsätzen. Ihr wurde später der Vorzug gegeben, da der Preis für die Stahlelementfassade bis zum Dreifachen (je nach endgültiger Ausführungsqualität) der Betonfertigteilfassade betragen hätte.

Der Planungsanteil bei der Entwicklung der hier beschriebenen Stahlteilfassade im Verhältnis zu der Betonteilfassade liegt etwa bei einem Fünftel des Planungszeitaufwandes. Die Entwicklung der Fertigbetonteile wurde innerhalb von sechs Monaten durchgeführt.

Eine deutsche Firma, die über die notwendigen Erfahrungen auf dem Gebiet der Konstruktion und Herstellung von Stahlbetonfertigteilen der geforderten Art verfügte, war nicht zu ermitteln. Die Wahl der Firma erfolgte nach dem außerordentlich preisgünstigen Angebot der deutsch-holländischen Firma Schokbeton GmbH., Düsseldorf-Kampen/Holland. Die Firma verfügte nach Lage des holländischen Bauwesens, das in der Verwendung von Fertigteilen sehr viel weiter fortgeschritten ist, über eine Erfahrung von 25 Jahren. Die Teile, die die Firma herstellen konnte, besaßen eine für unsere Vorstellungen bisher unbekannte Maßgenauigkeit.

Die Planung wurde in Zusammenarbeit zwischen der Konstruktionsabteilung des Werkes Kampen, Dipl.-Ing. KOLPA, und den Architekten durchgeführt.

Das Werk arbeitet nach folgendem Verfahren: Die Arbeitsgänge der Stahlbetonherstellung - Schalung, Armierung, Einfüllen und Verdichten des Betons, Nachbehandlung und Oberflächenbearbeitung - werden in einzelnen Abteilungen bzw. Werkhallen ausgeführt.

Die Schalungen werden bei mittleren Serien von etwa 40 bis 50 Stck. und Einzelstücken aus Holzbohlen, bei Großserien aus Stahl, in der Schalungsschreinerei bzw. -schlosserei hergestellt. Der Beton wird nach Einlegen der Armierungen (aus der Eisenbiegerei) in die fertigen Schalungen auf Schlagtischen eingebracht und verdichtet, "geschokt".

Das Abbinden des Betons wird entweder im normalen Prozeß oder durch Dampfhärtung erreicht.

Die Teile müssen wegen der Wiederverwendung der Schalungen nach den Gesetzen der Gießereitechnik ausgebildet werden.

Als Vorteile dieser Methode sind zu nennen:

1. Widerstandsfähigkeit gegen Witterungseinflüsse
2. Billigkeit gegenüber Metallelementen
3. Große Variationsmöglichkeit in der Oberflächenausbildung
4. Maßhaltigkeit, die in annähernd ähnlichen Grenzen wie Stahl liegt.
5. Größere natürliche Wärmedämmfähigkeit gegenüber Stahl. Die Nachteile liegen in dem hohen Gewicht der Teile und in der längeren Planungszeit.

Der Erscheinung eines so ausgeführten Baues wird der notwendigen Konstruktionsstärken wegen immer eine gewisse Schwere anhaften.

A b b i l d u n g 9

Ausbildung der Südfassade. Ausführungszeichnung im Maßstab 1 : 30.

Schnitt des 2. Obergeschosses mit Dach- und Brüstungsausbildung.

Links senkrechter Schnitt. Rechts Seitenansicht der Außenwandscheibe und der ersten Fertigbetonteile.
Die Südfassade wurde mit einem Betonteil-Sonnenschutz versehen. Die senkrechten und waagerechten Lamellen sind mit einem Mindestabstand von 100 mm von der Fassadenflucht angeordnet und lediglich in den Brüstungsflächen mit dem Bau verbunden, um die Lüftung der Fassade bei Sonnenaufheizung zu ermöglichen.

Die Verbindungen mit dem Rohbau durch Laschen und Verschraubungen sind aus der Zeichnung ersichtlich.

Zum Anschluß von Verbindungen der Betonteile untereinander und mit anderen Bauteilen wie Fenstern, Heizkörpern, Verkleidungsblechen, Deckenanschlüssen der untergehängten Decke wurden Schraubhülsen in die Fertigteile "eingeschokt".

Die Übernahme der Brüstungsausbildung aus der vorhergehenden Stahlentwicklung ist ersichtlich. Die Rundaussparung an der Brüstungskante dient der Elt.-Leitungsführung.

Es wurde bei den Fugenstößen der senkrechten Lamellen auf eine Abschrägung nach außen zur Ableitung des Schlagregenwassers geachtet.

Die Fugen sind mit Secomastic gedichtet.

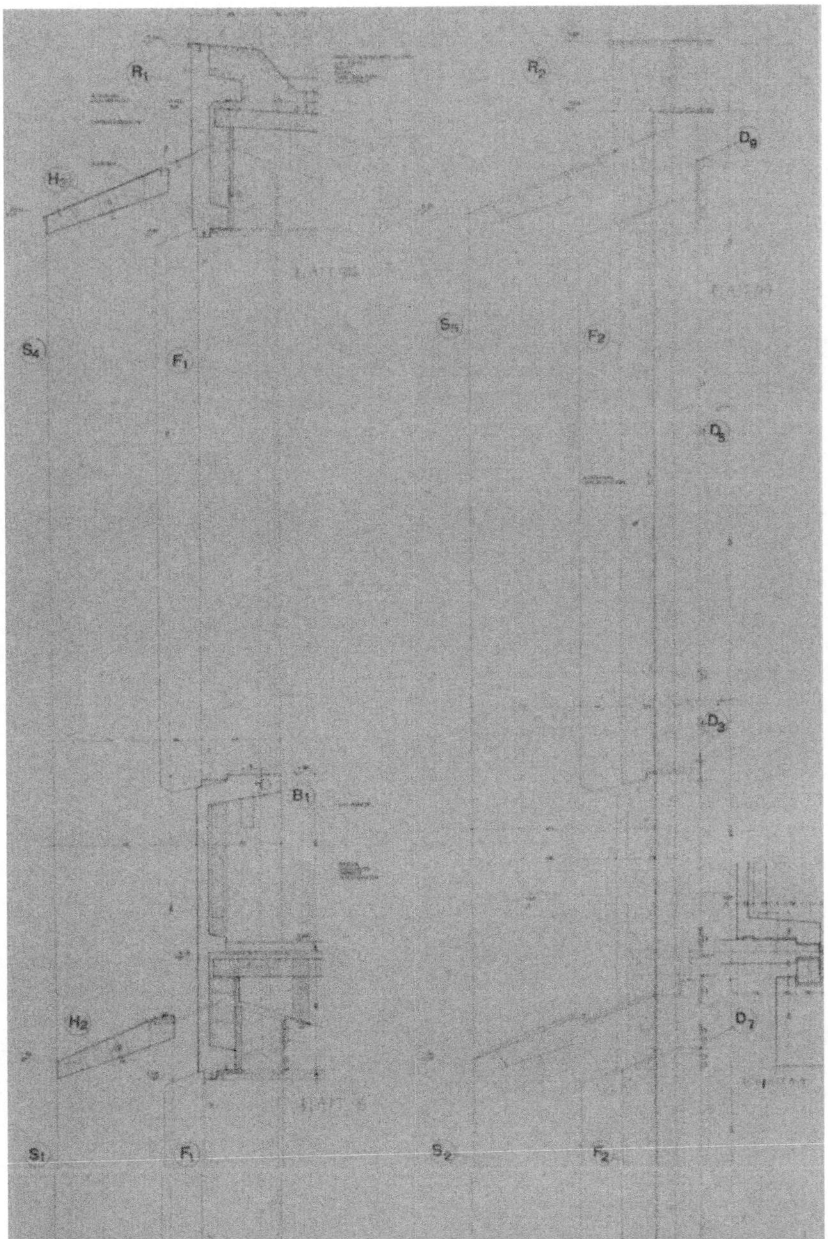
R1
R2
H3
D9
S4
F1
S3
F2
D5
D3
B1
H2
D7
S1
F1
S2
F2
D6
D3
B1
H1
D1

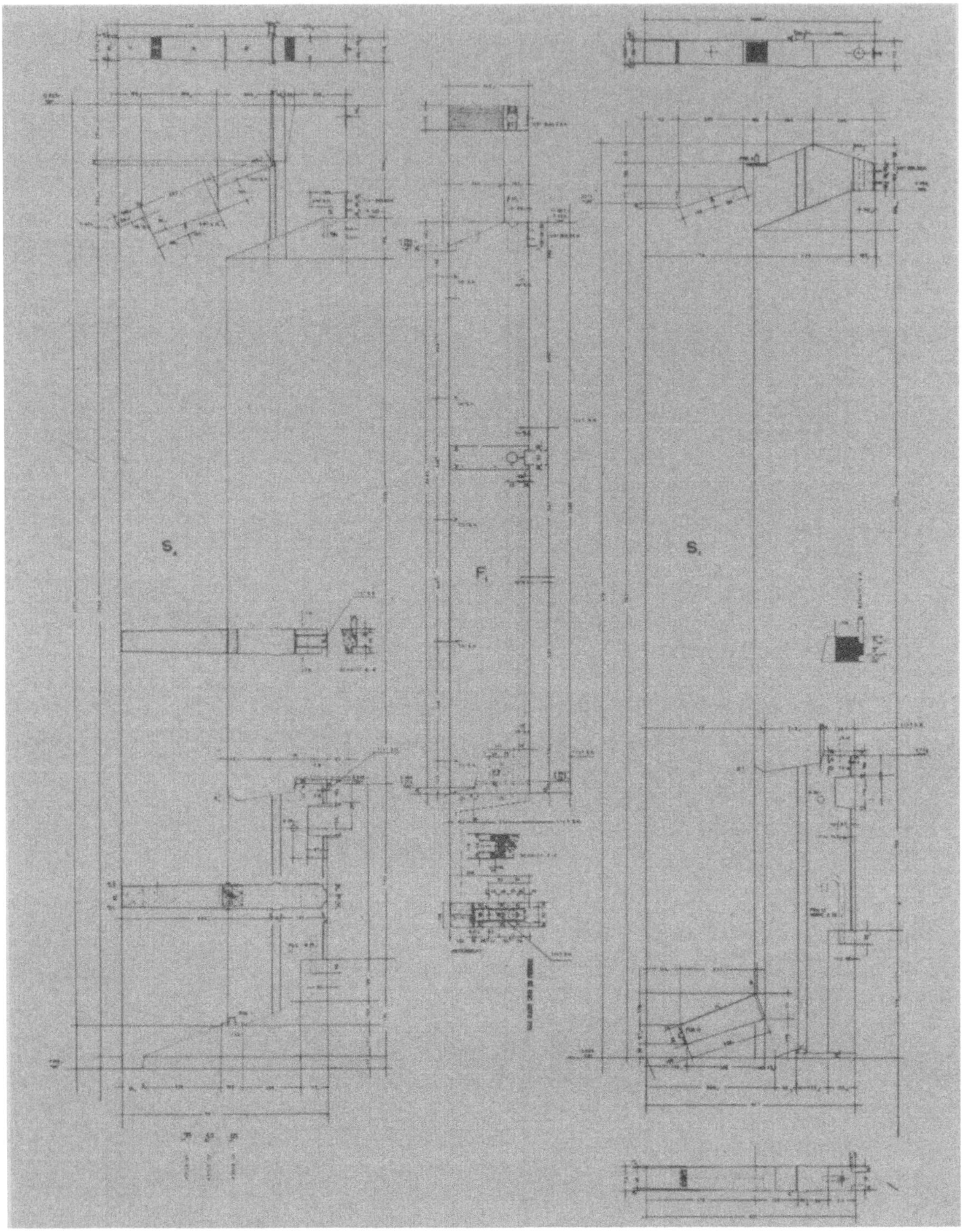

A b b i l d u n g 10

Südfassade Ausführungszeichnung im Maßstab 1 : 30. Obere und untere senkrechte Sonnenlamelle als Normalteil F_1 = Füllstück für Fenstergewände. Die Aussparungen für die horizontalen Sonnenlamellen sind erkennbar

A b b i l d u n g 11

Betonfertigteile (Ausführung der Firma Schokbeton). Senkrechte Sonnenblenden S_1/S_4 auf der Südseite. Vormontage auf dem Dach. Die Zwischenstücke (F_1) für Fensterwände werden eingesetzt

Abbildung 12 s. S. 55

A b b i l d u n g 13

Nordseite im Rohbau. Sämtliche Geschosse sind entschalt. Stützweite 5,00 m - Pendelstützen. Ansicht gegen die Installationszelle, die gleichzeitig die Längsaussteifung bildet. Die Giebelwände (Betonscheiben) dienen der Queraussteifung

A b b i l d u n g 12

Oben: Südfassade Ausführungszeichnung im Maßstab 1 : 8. Zusammenschluß von Rohbau, Dachrandplatte (R_1), Gefällbeton und Dachhaut mit Verblechung, senkrechter Sonnenlamelle (S_4), Zwischenstück (F_1), Horizontallamelle (H_3), Fenster und Deckenanschluß der untergehängten Decke.

Die Verbindung der Bauteile miteinander durch Laschen, Schrauben und Schraubhülsen sind hier besonders deutlich.

Unten: Südfassade. Ausführungszeichnung (im Maßstab 1 : 8)

Zusammenschluß von Rohbau, Brüstungsplatte (B_1), senkrechten Sonnenlamellen (S_4, S_1), Zwischenstück (F_1), Horizontallamelle (H_2), Fenstern und Decke.

Die ausführende Firma ist es gewohnt, mit Millimetermaßen zu rechnen und sie ihren Ausführungen zugrundezulegen. Ohne diese Genauigkeit wäre es z.B. nicht möglich gewesen, die Fenster an die vorbereiteten Schraubhülsen anzuschließen, da die vier Fensterseiten an vier verschiedenen Einzelstücken angebracht werden mußten. Die spätere Ausführung ergab keine Beanstandungen dieser Methode

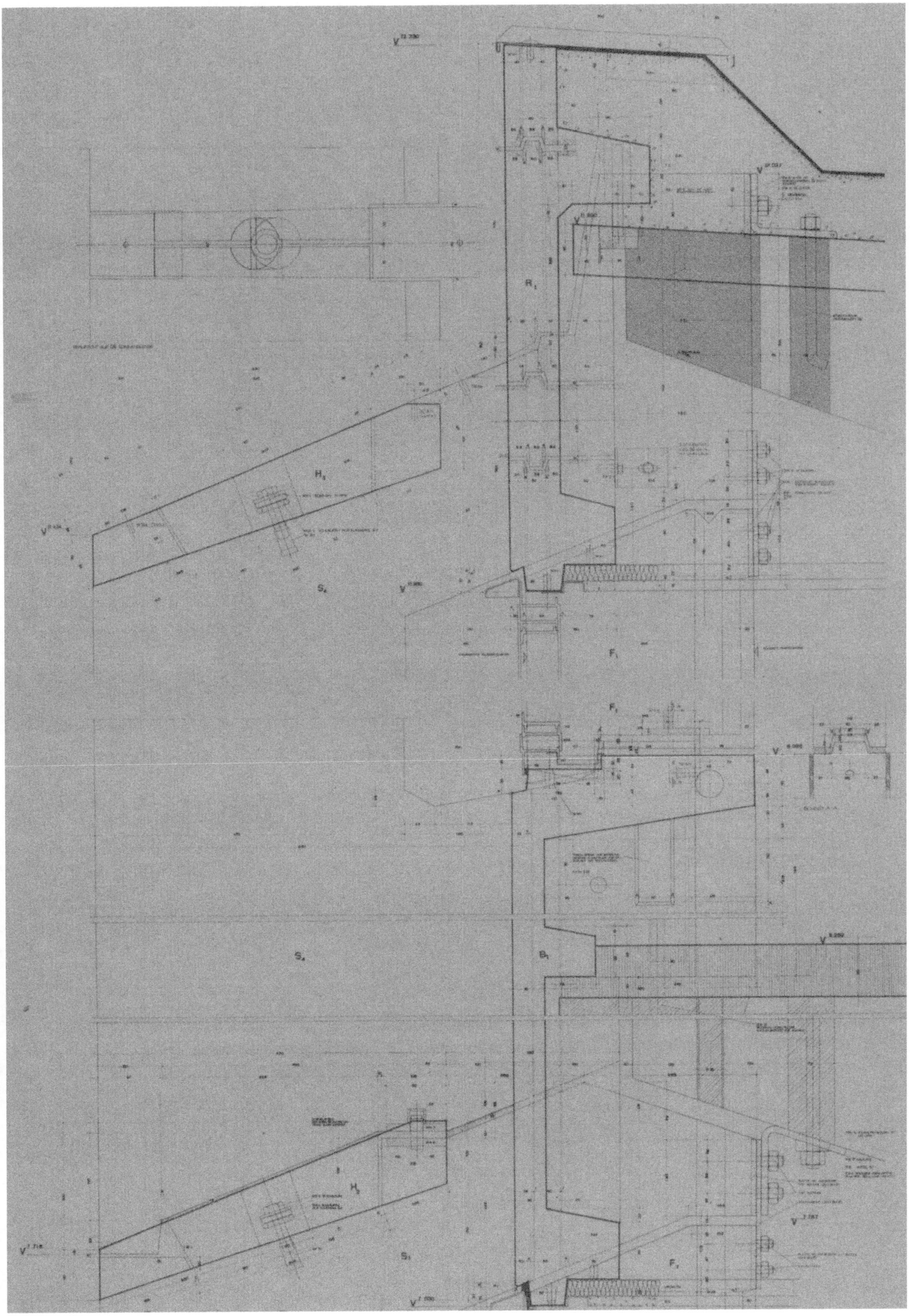

A b b i l d u n g 14

Südseite, auskragende Betonkonsolen der Bürogeschosse als Lager für die Fassadenelemente. Im Erdgeschoß gesandstrahlte Ortbetonstützen und Vordach für Windfang

A b b i l d u n g 15

Auskragende Betonkonsolen an der Südseite und Nordseite. Die Aussparungen dienen zur Befestigung der Betonfertigteile sowie als Durchlässe für Heizrohre und Elektrokabel

a) b) c)

A b b i l d u n g 16

von links nach rechts (a - c):

Detailpunkt der vorgehängten Sonnenblenden im Sinne des Zusammenbaues in drei Phasen. Die Blenden sind durch Luftschlitz von der Außenhaut gelöst. Hierdurch Abstreichen der Warmluft (Kaminwirkung) vor der Fensterhaut.

Vom Auflagerbolzen in der Decke zur Vorderkante Sonnenblende:

1 Auflagerbolzen für Befestigung der Blenden

2 Durchlaßrohr für Elektrokabel

3 Verzinkte Nockenplatte als Auflager für aufzusetzende Sonnenblende

4 Wie unter Nr. 3

5 Verbindungsring der horizontalen Blenden mit vertikaler Blende

S_1 Senkrechte Blende

H_1 und H_2 Horizontale Blende

Abbildung 17

Montieren der ersten senkrechten Sonnenblende an der Südseite. Die Maßungenauigkeiten zwischen Betonfertigteil und Rohbetonwandscheibe werden durch eine etwa 6 cm breite Fuge mit dahinter liegendem Differenzstück, ebenfalls Schokbeton, aufgenommen

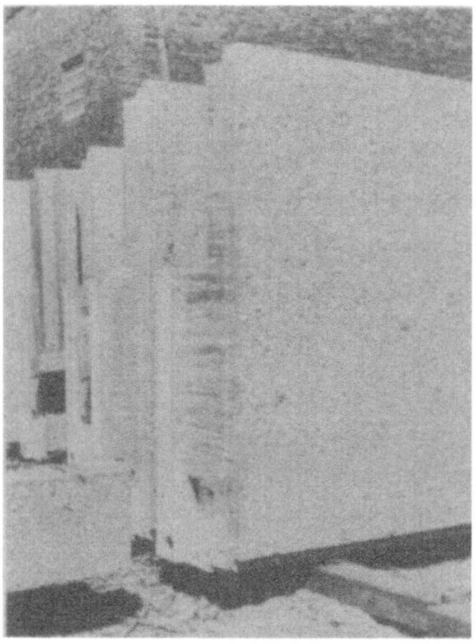

a)

b)

c)

Abbildung 18

a) Brüstungsplatten (Schokbeton). Oberfläche gebrochener weißer Kies, gesandstrahlt. Die innen liegende Fenstersolbank wird gleichzeitig durch die Brüstungsplatte gebildet. Oberfläche weißer Muschelkalk, geschliffen.

(Forts. s. S. 59)

Das sind für ein Element drei verschiedene Oberflächen: normaler Beton, gesandstrahlter weißer Kies, geschliffener weißer Muschelkalk.

b) Montage der Brüstungsplatten. Weißer Rahmen = Solbank (Muschelkalk-Vorsatzmaterial, geschliffen). Dunkles Feld = Nische zur Aufnahme der Konvektorenheizkörper. Am linken Rand sind zwei Schraubhülsen erkennbar, an denen später die Konvektorenblenden befestigt werden. Auf der Decke sind die Schraubenköpfe sichtbar, an denen die Außenhaut befestigt ist. -

c) Ein senkrechtes Stützelement ist aufgestellt und ausgerichtet (Nordseite). Großer Rücksprung (Oberkante Brüstung Oberkante Decke) für Aufnahme von Elektro- und Telefon-Steckdose. Rechteckige Aussparung daneben für Heizrohrverlauf. Kreisförmige Öffnung für Durchlaß eines Verbindungsbolzens. Die Fertigteile werden durch Justierplatten (Stahl) genau eingerichtet. Im Vordergrund feuerverzinkte Stahlwinkel, -platten, -bolzen und -muttern als Verbindungselemente

A b b i l d u n g 19

Ausschnitt aus der Südseite. Fensterachse = Büroachse = 1,66 m. Die Auskragung der Sonnenblenden (= 63 cm) entspricht dem Sonneneinfall bei steiler Sommersonne. Auskragende Blenden dunkel, Brüstungsplatten hell. Fenster als Wendeflügel

A b b i l d u n g 20

Ausschnitt der vorgehängten Betonelemente auf der Südseite. Sämtliche Elemente wurden von der Außenhaut (Fenster und Brüstungsplatte) gelöst, um aufsteigende Warmluft nach oben entweichen zu lassen

A b b i l d u n g 21

Außenansicht der Südseite. Im Erdgeschoß rechts vom Eingang die provisorische Hollerithabteilung, links vom Eingang die Ausstellungshalle mit Ausstellungstafeln. Im 1. und 2. Obergeschoß Büroräume. Baulänge 41,02 m, Bauhöhe 12,36 m ü.E.G.

Ausbau

Die verschiedenartigen Überlegungen, denen bisher nachgegangen wurde, finden ihren sichtbaren Ausdruck in der Durchbildung des Innenausbaues und der Durcharbeitung des Details. In diesem Zusammenhang sei es erlaubt, einige Bemerkungen über wichtige Triebkräfte, die die Planung beeinflußten, einzufügen.

Bei diesem Bau wurde Wert darauf gelegt, seine Gliederung nach tragenden, aussteifenden und verkleidenden Teilen auch in ihrer zeitlichen Abfolge - Rohbau - Fertigteile - Oberflächenteile - sichtbar zu lassen. Die Oberflächenbehandlung - Grobheit oder Feinheit der Körnung bis zur Glätte des Gipses und der Farbgebung - unterstützt diese Absichten.

Der Trennungsfuge, die in den verschiedensten Variationen an diesem Bau auftritt, kommt eine nicht nur technische, sondern auch ästhetische Bedeutung zu.

Die Verwendung des Betons erfordert innerhalb der ästhetischen Kategorien eine starke plastische Behandlung des Gesamten und seiner Einzelglieder. Nachdem der Entschluß gefaßt war, den Bau im wesentlichen in Beton auszuführen, folgte die Durchbildung der Einzelglieder bis in den Innenausbau hinein aus diesem eingeschlagenen Weg.

An diesem Abschnitt der Planung gewinnen ästhetische und formale Überlegungen ein spürbareres Gewicht innerhalb der ökonomischen und technischen Überlegungen.

Es tritt die Frage auf, welches Ausbauverhältnis den Bau endgültig bestimmen soll. Ihre Beantwortung ist unter den heutigen gesellschaftlichen Verhältnissen außerordentlich schwierig, da sie stark von gefühlbedingten Momenten abhängig ist, denen eine allgemeinverbindliche Grundlage fehlt. Die Lösung der angedeuteten Probleme liegt also nicht allein in der Lösung technischer Struktur- oder Einzelprobleme, sondern in umfassenderer Untersuchung und der Bereitschaft, die Fragen vorerst immer wieder neu zu formulieren und neue Lösungsbeiträge zu liefern.

Im folgenden werden einige Teile des Ausbaues behandelt, die aus den angedeuteten Überlegungen entwickelt wurden.

Als Beispiel für die Durchbildung anderer Bauglieder und Teile soll hier das Erdgeschoß dienen. Die Faktoren, die zu seiner endgültigen Form führten, können etwa in folgender Weise formuliert werden:

1. Das gesamte Bauprogramm (1. - 3. Bauabschnitt) sah große Ausstellungsflächen vor, da von der Vorstellung ausgegangen wurde, durch Ausstellung = Wirkung auf die Öffentlichkeit, auf den Studenten, auf den Fachmann, den Gedanken der Rationalisierung zu verbreiten.

2. Der erste Bauabschnitt sollte schon einen gewissen Teil dieser Flächen enthalten.

3. Der Vorschlag der Architekten, das Erdgeschoß als durchsichtige Ausstellungshalle anzuordnen, wurde angenommen und als für die Aufgabe sinngemäß empfunden.

4. Bei näherer Untersuchung der Forderungen an dieses Geschoß stellten sich folgende Gesichtspunkte ein:

   a) Ausstellung - gute Belichtung von außen
   - unmittelbare Wirkung von innen nach außen

   b) Eventuelle Verwendung als Vortragsraum

   c) Führung des Eintretenden an der Ausstellung vorbei zu den Obergeschossen

   d) Optische Unterstreichung des Gedankens der "Offenen Tür" und der Wechselwirkungen von Institut und Öffentlichkeit

   e) Verbindung der o.g. Punkte mit einem maßvollen Anspruch auf Repräsentation im Rahmen des Notwendigen und Möglichen

5. Der Raum mußte also nach Möglichkeit vollständig verglast werden. Störende Einbauten, wie Stützen oder andere Bauglieder, Heizkörper und Installationen waren nicht wünschenswert oder so zu konzentrieren, daß sie die reine Zweckbestimmung des Raumes nicht störten.

Mit den immer klarer in Erscheinung tretenden Forderungen, die an den Raum zu stellen waren, weitgehende Freizügigkeit, Belichtung und Durchsichtigkeit, Möglichkeit, den Raum nach außen vorübergehend gegen Sicht zu schließen, und Ausstellungstafeln auch im Bereich der Verglasung anzubringen, ergab sich die Detailausbildung des gesamten Geschosses, dessen bestimmende Form die Glaswände und ihre im oberen Bereich liegende Halterung ist.

Sinngemäß müssen bei der Entwicklung des Baues und seiner Glieder immer wieder ähnliche Fragenkomplexe bewegt werden.

A b b i l d u n g 22

Ansicht gegen die Erdgeschoß-Verglasung mit Eingangsrampe. Die Glaswand ist im Fußboden und im Deckenrand gefaßt. Die Stellung der Säulen im Verhältnis zur Glaswand geht aus dieser Abbildung deutlich hervor:

Die Säulen tragen den Oberbau und umschließen den Glasraum, ohne ihn zu stören.

Die Glaswand verläuft ohne senkrechte Stützen oder stark in Erscheinung tretende Unterteilungen von Giebelwand zu Giebelwand, unterbrochen lediglich vom Windfang.

A b b i l d u n g 23

Südansicht des Rationalisierungs-Institutes an der TH Aachen
(Foto Preim Aachen)

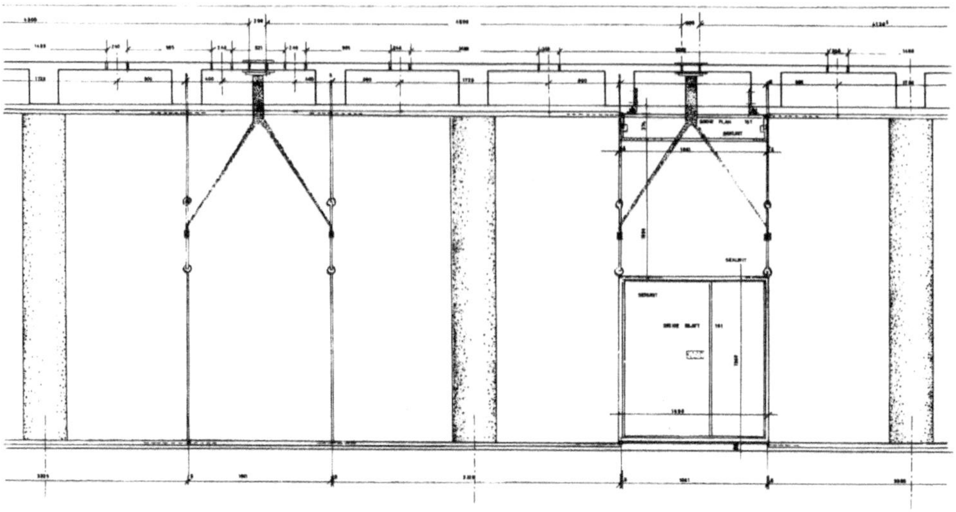

A b b i l d u n g 24
Ausschnitt aus der Erdgeschoßverglasung; Ansicht von Innen, Decke geschnitten

A b b i l d u n g 25
Innenansicht der Ausstellungshalle im Erdgeschoß. Gipsplattendecke weiß; die Decke ist als Deckenstrahlungsheizung ausgebildet (System IBIS). Neben den Leuchtstoffröhren liegen Steckanschlüsse für Ausstellungsbeleuchtung. Kunststeinfußboden Marmorbruch, schwarz-weiß; Eisenteile leuchtend blau; aufgehende Treppe (rückseitig) schwarz; Installationswand (rückseitig) leuchtend rot; Glasverbindungsstücke Chrom gebürstet

A b b i l d u n g 26

Eingebautes Paar der gußeisernen Aussteifungsarme für die Verglasung im Erdgeschoß. Bei der Herstellung war absolute Präzision ($\pm$ 1,0 mm) notwendig, da die Glasscheiben auf Millimetergenauigkeit angeliefert wurden.

Die horizontal verlaufende Stahlprofilschiene dient zur Aufnahme und Befestigung von Ausstellungstafeln, Sonnenlamellen oder Vorhängen, je nach dem jeweiligen Bedarf

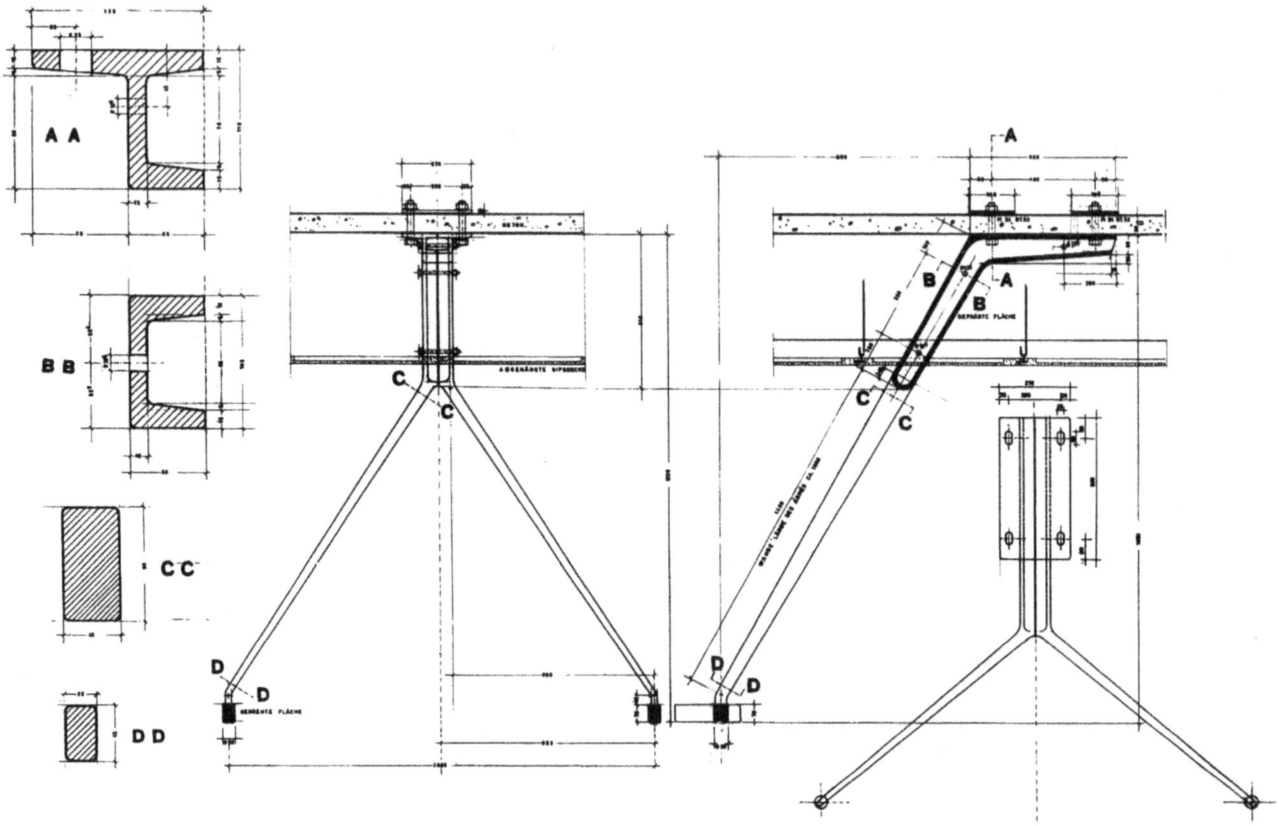

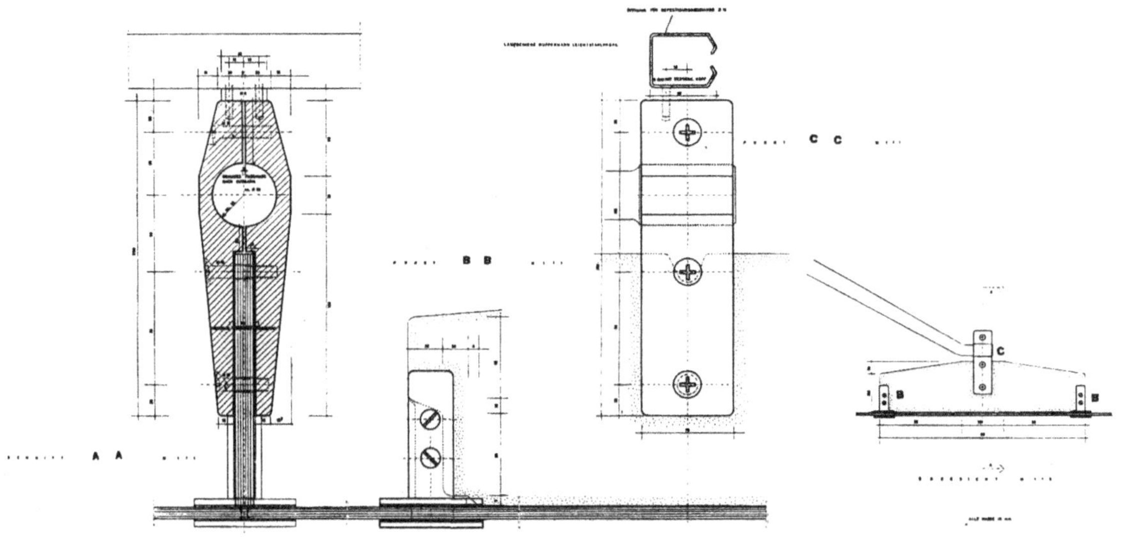

A b b i l d u n g 27

Erdgeschoßverglasung. Ausführungszeichnungen im Maßstab 1 : 30, Details 1 : 5.
System der Verglasung: Kristallspiegelglasscheiben an Decke und Fußboden in Metallprofilen eingekittet. Die Metallschienen sind unsichtbar. Die Scheiben sind mit durchsichtigen Kunststoffprofilen gestoßen. Der Winddruck wird durch Gußstahlarme aufgenommen und in die Erdgeschoßdecke abgeleitet. Die Ableitung der horizontalen Kräfte erfolgt über Rosetten in ein kurzes Sekuritglasstück, das mit Klemmplatten an den Gußarmen befestigt ist (siehe Detail)

A b b i l d u n g 28

Detail des Windfanges im Erdgeschoß. Fußboden: geschliffene Kunststeinplatten, schwarzer und weißer Marmor gemischt. Rechts im Bild der Konvektoren- u. Plattenheizkörper für den Windfang (zwischen den inneren Windfangtüren) TZ-Rost-Brücke, Eingangsrampe, Ortbetonstützen gesandstrahlt

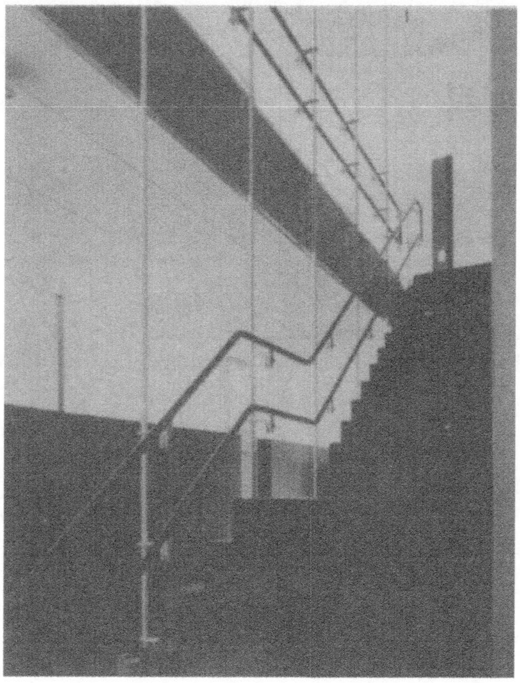

A b b i l d u n g 29

Treppe vom 1. zum 2. Obergeschoß neben der Installationszelle. 1,40 m auskragende Treppe aus Betonwand, leuchtend rot. Oberfläche der Treppe schwarzer Terrazzo, geschliffen. Die Decken aus Gipsfertigplatten, abgehängt. Handlauf dunkelgrau, Flurschrankwände tiefblau

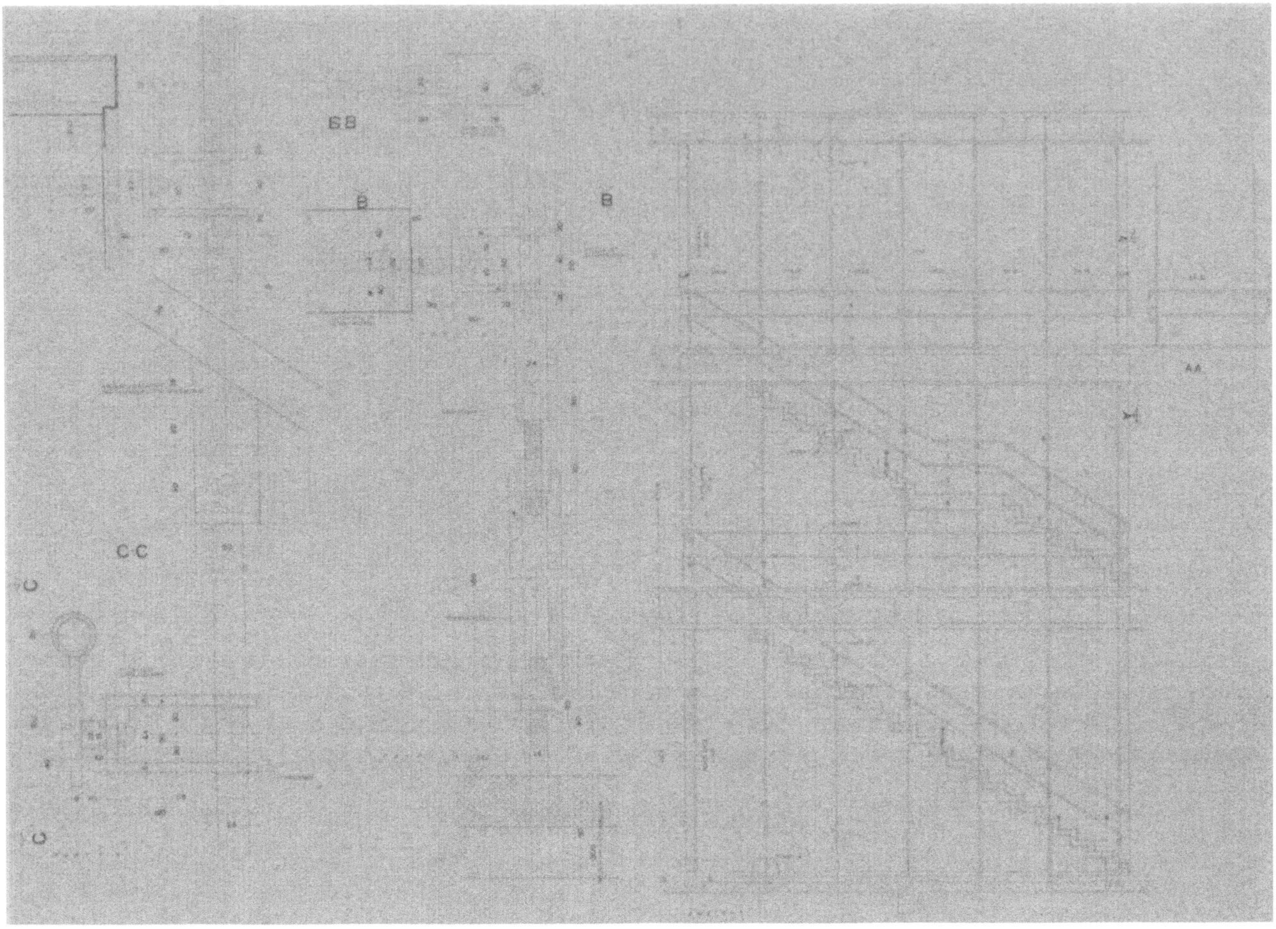

Abbildung 30

Treppenläufe und Geländerdetails. Ausführungszeichnung im Maßstab 1:100 und 1:5. Treppenlauf 1,40 m auskragend, 8 cm stark aus durchgehend schwarzem Terrazzomaterial. Oberfläche geschliffen. Geländer aus Rohren und Industrieprofilen zusammengeschraubt

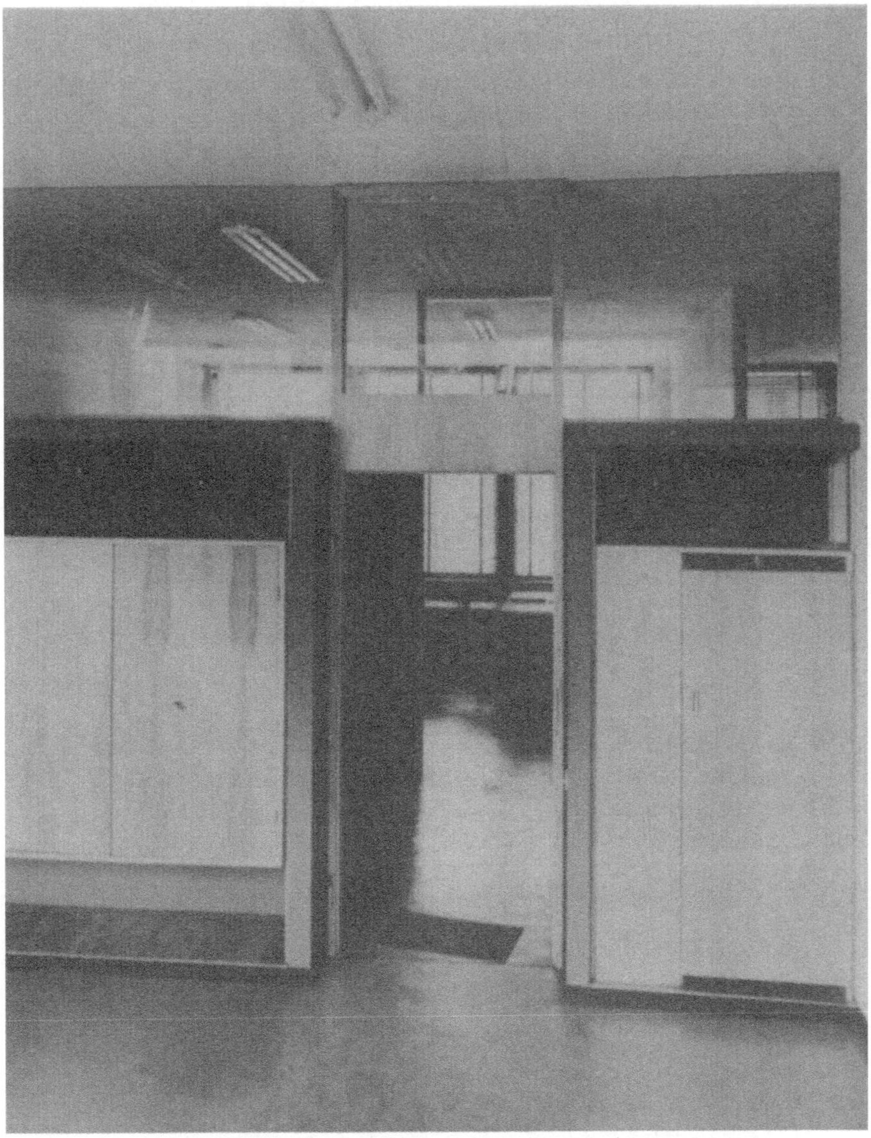

A b b i l d u n g 31

Innenaufnahme mit Durchblick in die gegenüberliegenden Büroräume. Rechts Garderoben, links Aktenschrank. Die dunklen Schrankkästen (Gipsplatten, dunkelblauer Anstrich) nehmen die Schränke und Regale auf (Esche natur). Die Zone oberhalb der Schränke ist klar verglast

A b b i l d u n g 32

Fensterwand mit herabgelassenen Sonnenstores. Die Fensterstützen sind mit Blechen abgedeckt. Obere Steckdose für Telefon, untere Steckdose für Elektroanschluß. Fenster als Wendeflügel. Zwischen den Brüstungen die Konvektorblenden

A b b i l d u n g 33

Geöffnete Konvektorennische. Die Platten können durch Bajonettriegel mit 2 Handgriffen entfernt werden

Der Bericht soll mit einer prozentualen Kostenübersicht abgeschlossen werden.

Dem Bauenden wird oft der Vorwurf der unklaren Kostenanschläge, der ungenauen Auskunft über die Kosten des Gesamtbaus usw. gemacht. Eine exakte Preisermittlung - wie sie etwa in den USA üblich und von den USA-Dienststellen in Deutschland von deutschen Architekten und Unternehmern mit zweifelhaftem Erfolg gefordert wurde - kann immer nur, wenn sie echt sein soll, das Ergebnis ausgedehnter Planungen sein. Kostenüberschläge mit dem Anspruch auf Genauigkeit, also etwa der Sammelbegriff "m^3-umbauter Raum" als Ausgang für Kostenermittlungen können naturgemäß nur innerhalb festgefügter Bauverhältnisse - wie wir sie noch nicht haben - angewandt werden. Die Bilanz der Konkurse von Baufirmen ist bekannt. Der Durchschnitt der am Bau Planenden in Deutschland arbeitet nach unzureichenden Plänen,und dieser Zustand wird als normal empfunden.

Die Beauftragung, Baufinanzierung und Baudurchführung erfolgt zum größten Teil so, daß der Planende - Städtebauer, Architekt, Ingenieur der verschiedensten Fachrichtungen - gar keine andere Möglichkeit hat, da der Druck des plötzlich mit dem Planungsauftrag freigesetzten Kapitals eine Überhitzung des Planungsablaufes erzeugt. Die außerordentliche Bauleistung seit dem vergangenen Kriege darf nicht darüber hinwegtäuschen, daß es sich um die Behebung eines Massen-Notstandes handelte, dem nur mit ungewöhnlichen Mitteln zu steuern war und der auch jedes Mittel recht machte.

Die Konsequenz für eine künftige qualitativ verbessernde Entwicklung scheint in einer intensiven Bauforschung, als Grundlagenforschung betrieben, zu liegen. Diese Forschung kann sich nicht allein mit der Entwicklung und dem Vergleich von Arbeitsmethoden und Baustoffen zur Intensivierung vorhandener Methoden beschäftigen - sondern sie muß die Probleme des Bauens neu stellen und neu zu beantworten suchen.

Kostenanteile bei dem Bau des Institutes für Rationalisierung. Die Übersichten enthalten nur Prozentzahlen.

I. Von den insgesamt aufgewendeten Kosten entfielen auf:

1. Grundstückskosten einschl. Gebühren, Baureifmachung und Architektenwettbewerb	4,27 %
2. Die Baukosten	87,87 %
3. Die Planungshonorare und Nebenkosten	7,86 %
	100,00 %

II. Die unter I. 2 aufgeführten Baukosten unterteilen sich in

1. Rohbau	31,7 %
2. Ausbau	55,4 %
3. Außenanlagen	6,1 %
4. Einrichtung	6,8 %
	100,00 %

III. Die folgende Aufstellung enthält die %-Anteile der einzelnen Spezialarbeiten unter Zugrundelegung der Baukosten (I. 2):

1. Erd-, Maurer-, Betonarbeiten	34,56 %
2. Betonfertigteile	7,66 %
3. Gipsarbeiten (Decken, Wände, Putz)	4,56 %
4. Bautrocknung	0,23 %
5. Estrich- und Fliesenarbeiten	2,45 %
6. Fenster und Sonnenstores	3,14 %
7. Dachdecker	1,36 %
8. Schreiner	5,25 %
9. Schlosser- und Metallarbeiten	3,73 %
10. Glaserarbeiten	4,33 %
11. Malerarbeiten	2,04 %
12. Bodenbelag	0,96 %
13. Heizung und Lüftung	11,60 %
14. San. Installation	2,27 %
15. Elt.-Installation und Beleuchtungskörper	4,14 %

16. Telefon-Installation		0,60 %
17. Tiefbau		4,06 %
18. Kunststeinarbeiten		2,96 %
19. Gerüstbau		0,15 %
20. Möbel		3,82 %
21. Wasser und Strom		0,13 %
Wie unter II	Gesamt:	100,00 %

Batch number: 10809874

Printed by Printforce, the Netherlands